AF325226

ENCYCLOPÉDIE

POPULAIRE,

ou

LES SCIENCES, LES ARTS

ET LES MÉTIERS,

MIS À LA PORTÉE DE TOUTES LES CLASSES.

L'instruction mène à la fortune
et conduit au bonheur.

Les contrefacteurs seront poursuivis selon toute la rigueur de la loi.

Extrait du Code pénal.

Art. 425. Toute édition d'écrits, de composition musicale, de dessin, de peinture ou de toute autre production, imprimée ou gravée EN ENTIER OU EN PARTIE, au mépris des lois et réglemens relatifs à la propriété des auteurs, est une contrefaçon, et toute contrefaçon est un délit.

Art. 427. La peine contre le contrefacteur, ou contre l'introducteur, sera une amende de cent francs au moins et de deux mille francs au plus, et contre le débitant, une amende de vingt-cinq francs au moins et de cinq cents francs au plus.

La confiscation de l'édition contrefaite sera prononcée tant contre le contrefacteur que contre l'introducteur et le débitant.

Les planches, moules ou matrices des objets contrefaits seront aussi confisqués.

ART

DE LA

TEINTURE

DES LAINES;

PAR E. MARTIN,

ANCIEN PROFESSEUR DE SCIENCES PHYSIQUES ET MATHÉMATI-
QUES, DIRECTEUR DE TEINTURE A LOUVIERS ET A ELBEUF.

PARIS,

AUDOT, ÉDITEUR,

RUE DES MAÇONS-SORBONNE, N° 11.

1828.

IMPRIMERIE DE A. HENRY,
RUE GIT-LE-COEUR, N° 8.

INTRODUCTION.

L'art de la Teinture, porté à un haut degré de perfection dans l'antiquité, par les peuples de la Perse, de l'Égypte et de la Syrie, et cultivé ensuite avec assez de succès dans la plupart des provinces de l'empire Romain, fut oublié presque entièrement en Europe après les envahissemens des barbares, et il ne s'en conserva des vestiges un peu remarquables que dans quelques cités industrieuses de l'Italie. Le commerce avec l'Orient, qui se rétablit pendant les croisades, enrichit cet art de quelques pratiques

utiles ; mais ensuite il resta presque sta-
tionnaire pendant plusieurs siècles, et
ce fut très-tard qu'il reçut des accroisse-
mens considérables par l'introduction
de la cochenille et de l'indigo.

Bientôt après, les encouragemens
dont il fut l'objet attirèrent sur ses
procédés l'attention de plusieurs savans, et l'on publia des recueils assez
étendus où brillaient déjà un discernement et une méthode qui annon-
çaient d'importans progrès. Cependant, les théories de cet art restaient
erronées, quand la chimie qui seule
pouvait en fournir les matériaux,
éprouva une révolution générale qui
lui donna des développemens considérables, mit sur la voie d'une multitude d'explications, et rattacha, de
la manière la plus heureuse, la théo-

rie de l'art de teindre aux différens faits. C'est alors que furent importés de l'Inde en Europe, les rudimens d'un art étonnant, celui de l'impression des tissus qui devait faire, en un petit nombre d'années, de si grands progrès. L'art de la teinture doubla dès ce moment dans ses ressources et son étendue, et il devint ce que nous le voyons de nos jours ; pour ceux qui s'y livrent, un champ immense d'observations et d'études, où il reste des découvertes à faire ; pour les gouvernemens, une des branches d'industrie les plus profitables, et pour les gens du monde qui sont environnés de toutes parts de ses résultats, un objet d'étonnement et d'estime.

L'art de la teinture a pour objet la fixation des couleurs sur les diffé-

rentes substances qui sont employées
pour nos meubles ou nos vêtemens ;
mais ces substances n'étant pas douées
de la même affinité pour les matières
colorantes, nous diviserons notre ouvrage en trois parties, où nous trai-
terons séparément de la teinture des
laines, de celle des soies, et de celle
des fils et cotons. Nous commence-
rons par la teinture des laines.

ART

DE LA

TEINTURE

DES LAINES.

DÉGRAISSAGE DES LAINES.

La laine, qui est cette espèce de poil particulier aux moutons, est recouverte, lorsqu'elle est enlevée à l'animal, d'une matière grasse particulière, d'un odeur forte, que l'on connaît sous le nom de suint. C'est une substance dont il faut nécessairement la débarrasser, avant que de la mettre en teinture, et l'on y parvient à l'aide d'un procédé particulier, en harmonie avec la nature du suint. En effet ; voici de quels matériaux le suint se compose : on y rencontre une matière grasse en combinaison savonneuse avec la potasse, et qui en fait la plus grande partie ; des sels de potasse, tels que l'acétate, le carbonate et l'hydrochlorate en quantité variable, un

1 *

peu de chaux et une espèce de graisse particulière, assez odorante. La laine recouverte de ces matières, est plongée à la température de 30 à 35 degrés environ, dans un mélange de trois parties d'eau et d'une partie d'urine putréfiée, et là elle se débarrasse en peu de temps de tout le suint dont elle est chargée, par un effet que l'on doit attribuer sans doute à l'ammoniaque. Son séjour dans cette chaudière, qu'on nomme *dégrais*, est ordinairement d'un quart-d'heure ; après quoi on la porte dans de grands paniers enfoncés dans l'eau, et on l'y agite avec des bâtons jusqu'à ce que l'eau en sorte parfaitement claire. Pendant ce tems la chaudière du dégrais, sert à préparer une nouvelle quantité de laine, et on y ajoute de tems en tems de l'urine quand on s'aperçoit que la qualité du bain s'affaiblit. Ce bain n'est jeté que lorsque les matières terreuses qui accompagnent la laine y forment un dépôt trop considérable.

Les laines en suint par un simple lavage à l'eau froide ou chaude, abandonnent aussi toutes les parties terreuses qui les salissent, et une quantité considérable de matière grasse. Dans cet état, qui est celui où on les trouve communément dans le commerce, elles conservent encore de six à vingt pour cent de leur poids de suint, et il est nécessaire de les soumettre à un nouveau dégraissage avant leur emploi. Mais comme toutes les matières du suint, qui sont solubles par elles-mêmes, en ont déjà été séparées, il est indispensable, surtout lorsqu'elles sont peu chargées, d'ajouter au bain qui doit servir à les dégraisser une certaine quantité de savon ou d'alcali ; le savon qu'on emploie ordinairement est une combinaison de potasse et d'huile de navette ou de colza. Les laines traitées de la sorte par une dissolution savonneuse et un peu d'urine, et lavées ensuite avec soin, ne conservent que de légères traces de suint, et sont propres à recevoir toutes les couleurs. Cependant, lorsque l'on se propose de les teindre en bleu d'indigo, comme cette teinture, qui ne se fait pas à l'ébullition, est sujette à se décharger un peu par le frottement, il vaut mieux, si l'on veut éviter cet inconvénient autant que possible, les faire sécher de nouveau avant de les teindre, les laisser en balle pendant quelque tems, et ensuite, avant de les mettre en teinture, les faire passer encore au dégrais. Cependant, comme cette pratique renchérirait

la fabrication, on ne la suit pas, et l'inconvénient dont nous avons parlé se fait peu
sentir toutes les fois que le premier dégraissage a bien réussi.

Si l'on réfléchit sur ce qui se passe dans
le dégraissage, on verra que la matière
savonneuse des laines en suint, suffit,
avec une simple addition d'urine, pour
rendre soluble toute la matière grasse qui
ne l'est pas ; mais lorsque cette matière
savonneuse a été enlevée par un lavage à
l'eau froide ou chaude, l'urine seule ne
suffit plus pour le dégraissage, et il re-
quiert une addition de savon ou d'alcali.
Cette addition se fait toujours en raison
inverse de la quantité de suint que les
laines ont conservée. Il en faut à peine
quand le lavage à l'eau froide a été fait
grossièrement, et que les laines ont con-
servé de quinze à vingt pour cent de leur
poids de suint ; mais quand elles ont été
lavées à l'eau chaude, elles demandent
jusqu'à dix ou douze pour cent de savon.
Cependant, de quelque manière que les
laines aient été lavées, il est possible de
les dégraisser sans savon, lorsque l'on a
à dégraisser en même tems des laines en
suint, parce que la combinaison savonneuse que celles-ci abandonnent dans le

dégrais, produit le même effet que le savon à l'égard des autres. Il est inutile de dire que le savon ne produit pas sur les laines le mauvais effet que lui attribue Berthollet, qui prétend qu'elles en sont altérées. Non—seulement une dissolution de savon à une température moyenne, ne les endommage en aucune sorte, mais elles ne souffrent pas même lorsqu'on substitue du sous—carbonate de potasse ou savon; et l'on ne sera pas étonné de notre assertion, en pensant que la plus grande partie des laines teintes en bleu, est exposée pendant plusieurs heures à l'action d'une dissolution alcaline beaucoup plus forte, et à une température de 40 à 50°; et que cependant ces laines conservent généralement plus de nerf après cette teinture qu'après toute autre.

La quantité de suint dont les laines sont recouvertes est toujours en proportion avec leur finesse. Dans les laines grossières, elles s'élève rarement à la moitié du poids de la toison, mais dans les laines fines, elle s'élève quelquefois à plus des deux tiers. Cependant il faut comprendre dans ce déchet, une certaine quantité de matière terreuse et d'ordures qui accompagnent toutes les toisons.

Les laines après l'opération du dégraissage, sont propres à recevoir la teinture ou à être portées à la filature, mais aujourd'hui on teint en laine pour toutes les couleurs de la draperie, et on ne teint en pièce que pour certaines couleurs délicates dont la nuance serait ternie par les apprêts. Du reste, le teinturier qui sait teindre en pièce, sait teindre en laine et réciproquement ; il n'y a de différence que dans la manœuvre, et dans la quantité d'ingrédiens qui est proportionnellement un peu moindre lorsqu'on teint en pièce.

Dans la fabrication de certains tissus qui ne vont pas au fouloir, comme les schals et les tapis, la laine est filée en blanc, et puis teinte en fil avant que d'être employée ; mais pour la teindre, il est nécessaire de la purger de l'huile de la filature, et c'est à quoi l'on parvient en traitant le fil à la température du sang humain, par une dissolution de potassse ou de soude, à laquelle on a ajouté un peu de son dans un sac ; au sortir de là, on le travaille dans une légère dissolution de savon, on le rince bien, et il est propre à recevoir la teinture.

Les mérinos et plusieurs autres étoffes légères qu'on ne foule pas, se teignent en pièce. Il n'y aurait que du désavantage à les teindre en laine, parce que la teinture les pénètre suffisamment, et qu'en outre les couleurs qu'on leur communique, quoique assez solides ordinairement, relativement au tissu, s'altèreraient par le travail des apprêts. Du reste, on les purge de l'huile de la filature avant de les teindre, en les passant entre de lourds cylindres cannelés, dans une cuve qui contient de la terre à fouloir délayée, ou une légère dissolution alcaline.

Lorsque les étoffes de laine sont destinées à rester en blanc, on leur communique le dernier degré de blancheur par une opération qu'on nomme soufrage. A cet effet, on les suspend dans une chambre élevée, de manière que toute leur surface puisse être également exposée aux vapeurs du soufre, et on allume ensuite une certaine quantité de cette substance, dans une terrine, environ un centième du poids de l'étoffe. L'appartement étant bien fermé, l'étoffe reste exposée aux vapeurs sulfureuses pendant plusieurs heures, et elle est d'un blanc éclatant quand on la retire.

Bouillon des laines, ou de leur combinaison avec le Mordant.

On donne en teinture le nom de bouillon à l'opération qui a pour effet de combiner le sujet avec le mordant. A l'égard des laines, cette opération s'effectue constamment à l'ébullition ; et nous allons donner une idée générale de la manière d'y procéder, comme si c'était une opération tout-à-fait distincte. Du reste, pour la plupart des couleurs de la draperie, l'application du mordant a lieu concurremment avec celle de la matière colorante.

L'alun et le tartre sont les mordans les plus employés dans la teinture des laines, et nous les prendrons pour exemple de ce qui a lieu lors de l'opération du bouillon. Du reste, nous signalerons en leur place, l'emploi des autres mordans, et une foule de pratiques particulières dont l'exposition serait prématurée en ce moment.

On est généralement en usage, dans la teinture, d'associer l'alun et le tartre pour la préparation des étoffes destinées à recevoir des couleurs auxquelles ces mordans peuvent convenir ; mais la proportion dans

laquelle on les emploie est très-variable,
et nous allons présenter quelques réflexions
qui pourront servir à se conduire avec
quelque discernement à cet égard. L'alun
et le tartre, ensemble ou séparément, ont
la propriété d'éclaircir la nuance des matières colorantes; mais leur effet n'est pas
tout-à-fait le même, en ce que l'alun,
abandonnant une partie de son alumine,
donne naissance à un composé nouveau
modifié par une certaine quantité de cette
substance, tandis que le tartre, s'il se
combine avec la couleur, et s'il s'introduit dans le précipité qu'il détermine, ce
n'est jamais qu'en quantité inappréciable,
de telle sorte que son action n'est guère
analogue qu'à celle de son acide. Ainsi,
toutes les fois que l'on n'aura pas besoin de
beaucoup éclaircir la teinte des matières
colorantes, et de leur donner toute la vivacité qu'elles sont susceptibles d'acquérir,
le tartre ne sera pas nécessaire, et il suf-
fira d'employer l'alun. Mais supposons qu'il
soit nécessaire de communiquer aux molécules colorantes, le plus grand éclat, comme
cela se pratique communément pour les
couleurs qu'on appelle simples, ou pour
celles qui, étant composées, ne doivent
pas recevoir une bruniture; alors il faudra

employer l'alun et le tartre en dose très-forte ; l'alun, par exemple, au cinquième ou au quart du poids de l'étoffe, et le tartre au dixième ou au huitième. Alors aussi il faudra employer une proportion de matière colorante plus considérable que celle qui eût eté nécessaire pour obtenir une teinte tout aussi foncée, dans le cas où l'on aurait employé moins de mordant.

On conçoit en effet que la prédominance du mordant doit être suivie de l'appauvrissement de la couleur, lorsque la quantité de la matière colorante reste la même ; car dans ce cas, chaque molécule de cette matière subit l'action d'une plus grande quantité d'alumine. Observons que, dans tous les cas, le mordant ne doit pas être, comme on dit, noyé, et qu'il faut que les laines ou les étoffes ne flottent pas trop librement dans le bain.

Ainsi donc nous pouvons poser en principe, que pour toutes les couleurs composées dont la nuance est foncée et sombre, et généralement pour la plus grande partie des couleurs de la draperie teinte en laine, l'emploi d'une forte proportion d'alun est tout-à-fait inutile ; et celui du tartre devient alors ordinairement superflu, à moins que l'on n'ait besoin de le faire agir sur quelque substance dont la teinte doive être modifiée, ou à l'inaltérabilité de laquelle il ait particulièrement la propriété de contribuer.

En réfléchissant sur ce qui a lieu lorsqu'on emploie beaucoup ou peu de mordant, on doit sentir que la conduite du bouillon doit être différente dans ces deux cas. En effet lorsque la quantité de mordant se trouve très-faible, il est avantageux de teindre en un bain, et de présenter à une réaction simultanée, le mordant, la matière colorante et l'étoffe ; mais au contraire, quand la proportion du mordant est considérable, et que l'on vise à l'éclat, il y a souvent de l'avantage à faire deux bains, parce qu'alors l'excès d'acide qui est dans le premier, ne réagit pas sur la matière colorante, et que la couleur est moins appauvrie.

C'est au degré de l'ébullition que l'on expose la laine pendant deux heures, à la réaction du mordant de tartre et d'alun, et de la plupart des autres mordans. Cette opération est fort importante, et l'on dit en teinture, d'après un vieil axiome : *qui bout bien teint bien*. La laine, après cette opération, est lavée avec plus ou moins de soin, suivant les nuances qu'on veut obtenir, et ensuite elle peut être soumise au bain de teinture. Cependant on la laisse d'ordinaire pendant quelques jours sur son bouillon avant le lavage ; mais s'il y a des cas où une semblable précaution peut paraître utile, dans la plupart, ce soin est tout-à-fait superflu.

Voilà ce que nous avions à dire sur l'opération du bouillon en général ; du reste, toutes les fois qu'il s'agira d'un bouillon autre que celui d'alun et de tartre, ou qu'il y aura quelque chose de particulier dans l'opération, nous aurons soin d'en faire mention.

———

DES SUBSTANCES TINCTORIALES.

Au point où nous en sommes arrivé, après avoir traité du dégraissage des laines et de l'opération du bouillon, nous aurions pu passer à la description des procédés au moyen desquels on parvient à obtenir toutes les couleurs, mais ces applications supposant la connaissance des substances tinctoriales, et de leurs principales propriétés, nous pensons qu'il ne sera pas hors de propos de nous livrer d'abord à une étude particulière de ces substances.

De l'Indigo.

L'indigo est une substance solide , insipide et d'une odeur particulière , que l'on retire de certaines plantes du genre *indigofera* , et qui existe aussi , mais en moindre quantité dans *l'isatis tinctoria*, connu sous le nom de pastel ou vouëde. Pour l'obtenir, on coupe les plantes qui le contiennent, on les lave , on en détache les feuilles, et l'on place ces feuilles dans une cuve que l'on remplit d'eau aux trois-quarts , et aux fond de laquelle on les maintient. En peu de tems il s'établit une grande fermentation dans toute la masse , et la liqueur devient verte, avec la propriété de bleuir au contact de l'air. A ce moment on décante cette liqueur, on la mêle avec une certaine quantité d'eau de chaux, on l'agite pour l'aérer , et lorsqu'il s'y est formé des flocons pourprés bien distincts , on la verse dans une cuve où on laisse le dépôt se former. Ce dépôt lavé et suffisamment égoutté, est divisé en petites masses carrées , et c'est sous cette forme que l'indigo se rencontre ordinairement dans le commerce.

Cette substance, outre la matière colorante qui lui est propre , contient encore une matière glutineuse, une matière brune et une sorte de résine rouge particulière, mais comme ces différentes parties étrangères ne jouent sensiblement aucun rôle dans la teinture, nous ne considérerons que la partie colorante, et ce que nous en dirons pourra s'entendre de l'indigo même, tel que l'on l'emploie.

La matière colorante de l'indigo est insoluble dans l'eau, et dans les acides et les alcalis affaiblis, mais légèrement soluble à chaud dans l'alcool, l'essence de térébenthine et les huiles. Le chlore la décolore instantanément, et l'acide nitrique qui la décompose, la convertit en une matière jaune, amère, particulière. Quant à l'acide sulfurique concentré, il la dissout, en lui faisant éprouver quelque altération dont il est difficile de déterminer la nature, mais après lesquelles elle perd la propriété de se volatiliser ; cependant comme elle peut encore être modifiée par les substances désoxigénantes, et reprendre ensuite de l'oxigène au contact de l'air, il est permis de croire qu'elle n'est qu'extrêmement divisée, sans avoir éprouvé d'autre altération. Cette dissolution de l'indigo, s'obtient par la réaction de six à huit parties d'acide sulfurique, contre une de cette substance.

Lorsqu'elle a été faite avec l'acide le plus concentré qu'on puisse obtenir, elle a une couleur pourpre, qui passe au bleu lorsque la dissolution est étendue d'eau, et qui du reste ne paraît différer en rien de la première.

Lorsqu'on ajoute de la limaille de fer ou de zinc dans une dissolution de cette nature, l'indigo perd sa couleur, en abandonnant une certaine quantité d'oxigène au métal, mais il redevient bleu au contact de l'air. L'indigo qui n'est pas dissous dans l'acide sulfurique a aussi la propriété de perdre et de reprendre de l'oxigène, et il éprouve cette modification lorsqu'on le traite par des sulfures solubles ; dans cet état, c'est-à-dire, lorsqu'il a perdu une certaine quantité de son oxigène, il devient soluble dans les alcalis ; et c'est sur cette propriété qu'il acquiert, que sont fondés tous les procédés de la teinture en bleu solide. On ne peut pas bien dire quelle est la couleur de l'indigo désoxigéné. Peut-être est-il blanc, mais d'ordinaire il est gris verdâtre. Sa dissolution dans les alcalis est d'un jaune plus ou moins roux, et si elle est ordinairement verte, c'est qu'elle tient en suspension une certaine quantité d'indigo réoxidé qui n'est pas dissous.

Nous ne nous étendrons pas davantage sur l'examen des propriétés chimiques de l'indigo, quoique cette étude soit fort importante pour le teinturier ; nous ajouterons seulement quelques réflexions relatives à ses propriétés physiques et à son usage.

L'indigo, tel qu'on le rencontre dans le commerce, présente de grandes variétés qui font que le talent de l'apprécier est le premier que le teinturier doive avoir. Nous ne répéterons pas ici ce qu'ont répété plusieurs savans, qui ont écrit sur cette matière ; tout ce que dirons a reçu la sanction de l'expérience, et quand nous ne partagerons pas leur opinion, c'est que la nôtre sera bien motivée. L'espace nous manque pour détailler ici les caractères qui peuvent appartenir plus particulièrement aux indigos de l'inde, qui viennent en caisses et sont sous forme de pains carrés, et aux indigos d'Amérique qui viennent dans des peaux de bœuf, et sont sous forme grenue ; ce que nous dirons sera général et pourra s'entendre des indigos de tous les pays.

La légèreté est une des qualités que l'on remarque des premières dans les indigos. La matière colorante isolée étant très-légère, il est présumable que l'indigo qui en contient beaucoup doit être léger. Mais si l'on peut assurer en général, qu'un indigo lourd est de qualité très-médiocre, il ne s'en suit pas que tous les indigos très-légers soient fort bons ; il faut encore qu'ils aient d'autres qualités, comme l'on va voir. Ce que l'on remarque en même tems que la légèreté dans les indigos, c'est la nuance. Il y a des indigos d'un bleu pâle, d'autres d'un bon bleu, d'autres d'un bleu riche, d'autres d'un bleu purpurin. Il y en a de violets, de cuivrés, et de rouges—bruns ; il y en a de rayés de bandes verdâtres et et de picotés. Il y en a enfin de ternes et de grisâtres. Toutes choses étant égales d'ailleurs, ceux que l'on devrait préférer seraient les bleus à reflet pourpré ; et après eux ceux qui les précèdent ou qui les suivent immédiatement dans notre liste. Les rouges-bruns, ordinairement durs et lourds, sont de qualité inférieure même à ceux qui sont picotés, toutes les fois que ceux—ci sont plus légers, et que leur couleur est du reste assez bonne ; et ceux qui sont ternes, grisâtres, ou d'un bleu pâle sont communément aussi mauvais, quoique souvent ils ne manquent pas de légèreté.

Mais pour qu'un indigo soit bon, il ne suffit pas qu'il ait bonne couleur et qu'il soit léger, quoique ce soit de fort bons indices ; il faut encore qu'il soit spongieux, happant à la langue et d'une pâte extrèmement fine. Alors, s'il est à la fois léger, de bonne couleur et fin de pâte, on pourra prononcer sans hésiter qu'il est bon. Il devra encore, non-seulement, se cuivrer, comme tous les indigos, par le frottement de l'ongle, mais fournir sous l'ongle un grand nombre de petites écailles du plus beau pourpre cuivré, et ressemblant à la matière cristalline de l'indigo. Ainsi il ne se réduira pas aisément en poudre ; et mis dans un mortier, la pression du pilon le convertira en parcelles écailleuses pendant long-tems avant que l'on puisse le broyer. Du reste on peut dire de l'indigo, qu'il est bon, lorsqu'à l'emploi, une partie peut colorer de neuf à dix parties de laine fine en toison, en bleu de roi ; qu'il est moyen, lorsqu'elle ne peut en colorer que de sept à huit ; et qu'il est de qualité fort inférieure, quand il en faut le cinquième ou le sixième du poids de la laine. Quelques teinturiers sont dans l'opinion que tous les indigos ne fournissent pas des nuances également belles. Nous pensons que cette opinion n'est pas très-fondée, et que toutes les fois que la dissolution de l'indigo est bien opérée et

que toutes les circonstances qui s'y ratta-
chent sont favorables, l'on obtient constamment de belles nuances. Il faut ajouter que la mise en dissolution des indigos
fort impurs, est plus difficile ordinairement que celle des bons indigos.

Voilà, d'après notre expérience, quels
sont les principaux signes que présentent
les différens indigos. Mais le teinturier ne
doit pas savoir seulement connaître le bon,
il doit savoir surtout apprécier le bon re-
latif, parce que souvent il trouve un grand
avantage à acheter des indigos inférieurs.
Tout cela est dépendant du prix qu'on les
vend ; et pour agir avec autant de certitude
que possible dans cette occasion, il doit
savoir combien telle ou telle qualité qu'il
connaît bien, peut colorer de laine, pour
un poids donné. Avec ces notions, qu'il
aura souvent confirmées par l'expérience,
il sera difficile qu'il se trompe dans ses
achats.

Si nous nous sommes étendu un peu
longuement sur les propriétés de l'indigo,
c'est que cette substance est la plus importante qui soit employée dans la teinture des laines, et qu'elle entre dans la
consommation pour un prix plus considérable que toutes les autres substances en-

semble. Du reste, nous pouvons ajouter que les procédés indiqués par quelques chimistes pour apprécier la quantité de matière colorante contenue dans l'indigo, ne sont aucunement sanctionnés par l'expérience. Ainsi le poids des cendres, qui sont le résidu de l'incinération de cette substance, est un indice fautif, parce que les matières végétales ou animales, introduites pour falsifier l'indigo, disparaissent presque complétement par l'action du feu, et qu'un fort mauvais indigo, ainsi altéré, peut être jugé meilleur qu'un autre fort bon, mais qui contiendra un peu plus de matière calcaire ou de sable. L'épreuve, au moyen du chlore, est tout aussi illusoire que la calcination. En effet, dans un très-mauvais indigo, le chlore pourra se porter d'abord sur les matières étrangères au principe colorant, et n'attaquer celui-ci que plus tard, tandis que, dans un fort bon indigo, ce principe pourra être le premier attaqué, et le meilleur des deux indigos pourra être décoloré le plus vîte.

Bois d'Inde ou de Campêche.

Le bois d'Inde ou de Campêche, se rencontre, dans le commerce, sous forme

de grosses bûches, d'un brun noir au-dehors, et d'un rouge jaunâtre au-dedans.
Il est d'un grand usage dans la teinture,
parce qu'il jouit de plusieurs propriétés
qui le rendent précieux, quoique, du reste,
les nuances qu'il fournit soient peu solides.
Employé seul avec l'alun et le tartre, il
produit une couleur violette qui tourne au
bleu par les alcalis. C'est le bleu que l'on
appelle faux teint, qui rougit par les acides et devient grisâtre à l'air; employé
avec le sulfate de fer et de cuivre, il donne
un noir bleuâtre, recherché pour les étoffes
légères, comme mérinos. Avec le sulfate
de fer seulement, et des quantité variables de sumac ou de noix de galle, il produit un noir assez solide pour la draperie;
il produit des gris de toutes nuances avec
les mêmes substances, lorsqu'il entre en
moindre quantité dans le bain; enfin avec
le tartre, le sulfate de cuivre et le sulfate
et l'hydrochlorate d'étain, il donne des
violets assez beaux et assez solides. On
l'emploie en outre dans beaucoup de cas,
mais en quantité très-petite, pour donner
ce qu'on appelle des brunitures, ou pour
faire des gris de toutes teintes.

Cette énumération peut faire juger de
quelle utilité le bois d'Inde est pour la

teinture des laines ; on peut dire même de cette substance , qu'elle serait propre à produire toutes les nuances, depuis le noir jusqu'au gris d'argent et à l'écarlate, mais presque toutes ces nuances seraient très-fugaces. Ce défaut de solidité fait que le bois d'Inde est très-rarement employé seul, et que l'on n'en fait usage généralement que pour modifier l'effet des substances avec lesquelles il est employé.

M. Chevreul a fait sur la matière colorante du bois d'Inde et de plusieurs autres substances tinctoriales , des recherches fort délicates et fort curieuses , mais il n'entre pas dans le plan de notre ouvrage de les rapporter.

Garance.

La garance, *rubia tinctorum* , est une plante cultivée dans plusieurs pays et dont la racine fournit une poudre d'un rouge plus ou moins jaune ou plus ou moins brun , qui est d'un grand usage pour la teinture et qui communique aux différens sujets à teindre, des couleurs presqu'inaltérables. Cette substance, qui joue le rôle le plus important dans la teinture des cotons , a été l'objet d'études et de recherches plus ou moins heureuses, qui jusqu'ici ont eu très-peu d'influence sur les pratiques suivies dans les ateliers. Il ne faut pas confondre avec ces recherches, celles que MM. Robiquet et Colin ont faites tout récemment, et qui, sans doute, auront tôt ou tard pour effet, d'inspirer des applications utiles. Le travail que ces savans chimistes ont publié, est un chef-d'œuvre d'analyse et de discussion, et nous regrettons que les bornes de notre ouvrage ne nous permettent pas d'en donner même une légère idée au lecteur.

Les garances que l'on rencontre dans le commerce, viennent du Levant, de Smyrne ou de Chypre, de Provence, d'Alsace ou de Hollande. Celles du Levant et de Provence sont employées presqu'exclusivement pour le coton. Les premières sont brunes et les secondes rouges. Celles d'Alsace ou de Hollande sont réservées plus particulièrement pour la laine ; elles sont d'une couleur jaune safranée, mais celles qui sont plus communes tirent au brun rouge terne.

Lorsque les racines de la garance ont été arrachées, séchées et débarrassées de toute matière étrangère, on les passe dans une espèce de moulin qui en sépare l'épiderme, et cet épiderme, joint à la poudre des racines de rebut, forme une qualité de garance que l'on emploie pour entretenir la fermentation propre à désoxider l'indigo. La partie moyenne de ces racines déjà passées au moulin, fait une seconde qualité de garance assez estimée, mais la meilleure est fournie par la partie la plus intérieure. Cependant, si les racines étaient trop grosses, la qualité fournie par les parties moyennes serait préférable. La garance moulue est livrée au commerce dans des tonneaux où elle s'agglutine très-fortement. Quelquefois elle est vendue en racine, et on la nomme alors communément lizari. On doit la moudre avant que de l'employer.

La garance est d'un grand usage dans la teinture des laines, mais on ne l'emploie ordinairement seule que pour faire un rouge commun très-solide, tel qu'on en voit aux gens de la campagne dans quelques provinces, ou un autre rouge aussi très-solide, mais beaucoup moins sombre, qui est employé pour certains pantalons de cavalerie. Du reste, son plus grand emploi est de concourir à toutes les couleurs composées solides, en usage pour la draperie. Alliée au bleu et au jaune, dans des proportions différentes, elle produit, avec une légère bruniture, toutes les couleurs que l'on connaît sous le nom de bronze. Alliée au bois d'Inde avec le mordant qui tourne celui-ci au violet, elle produit des couleurs vives et solides qui se rapprochent de la fleur-de-pensée. Alliée à la noix de galle ou au sumac et au bleu, elle concourt utilement à la production d'une multitude de gris solides ; enfin on peut la considérer comme un des élémens les plus importans de la presque totalité des couleurs solides de la draperie. Cependant elle est loin d'obéir et de s'associer à tous les réactifs comme le bois d'Inde ; aussi ceux qui veulent obtenir des couleurs très-vives et très-légères, et qui travaillent sur pièce à l'échantillon, ne font guère usage de cette substance, d'abord parce que ses nuances ont le défaut de manquer d'éclat et ensuite parce qu'il devient difficile de modifier une couleur marquée dans laquelle elle entre.

Cochenille.

La cochenille est un petit insecte qui se multiplie sur plusieurs espèces de *cactus*. On en connaît de deux qualités, la cochenille *silvestre* et la cochenille *fine* ; mais on ne rencontre guère que cette dernière dans le commerce. Lorsqu'elle a été parfaitement desséchée, sa couleur est d'un rouge noir, et écrasée sous l'ongle, elle produit une poudre violette foncée ; mais lorsque sa dessication est moins avancée, son extérieur se couvre d'une sorte d'efflorescence blanchâtre qui lui donne un œil argenté, et alors lorsqu'on l'écrase sous l'ongle, on la trouve plus difficile à réduire en poudre que dans le premier cas, et même souvent elle s'agglutine en prenant l'aspect d'une pâte légèrement grasse. C'est donc une erreur de penser, comme le font plusieurs teinturiers, que la cochenille argentée est préférable à la noire par ses qualités : elles ont les mêmes propriétés l'une et l'autre, mais à prix égal, la dernière est d'un emploi plus avantageux parce qu'elle est moins desséchée ; du reste la cochenille argentée mise dans un four, ne tarde pas à devenir cochenille noire, en perdant de 5 à 6 pour cent de son poids et quelquefois davantage. La cochenille dite silvestre peut être substituée à la cochenille fine, dans tous les cas ; seulement il en faut une quantité plus considérable, que l'on précise par quelques essais préalables.

La cochenille à été un sujet d'étude pour plusieurs chimistes, et notamment pour MM. Pelletier et Caventou qui en ont isolé la matière colorante ; mais tous ces travaux ont été encore sans utilité pour les pratiques de la teinture : du reste relativement à la cochenille, plusieurs teinturiers nous paraissent avoir porté dans la pratique, un degré de perfection au-delà duquel il est difficile d'aller.

La cochenille s'emploie à l'état de poudre, soit qu'elle ait été moulue, soit qu'elle ait été pilée dans un mortier et puis tamisée. Elle contient une grande quantité de matière colorante, et produit, lorsqu'elle est traitée convenablement, des nuances de la plus grande beauté. Employée seule ou concurremment avec une substance jaune, elle produit, avec les mordans de tartre et d'hydrochloro-nitrate d'étain, les plus vives nuances d'écarlate, d'orange, de grenade et d'aurore. Traitée par l'alun et le tartre, elle donne de superbes teintes de rose et de cramoisi ; alliée au bleu, elle donne de beaux violets; et enfin on peut la faire entrer avec avantage dans toutes les couleurs composées dont le rouge fait partie, et qui doivent avoir une grande vivacité.

La cochenille a si peu de tendance à s'u-
nir avec les matières végétales qu'elle n'est
d'aucun usage dans la teinture de ces matières; du reste les couleurs que l'on en
obtient sont assez solides, et résistent avec
succès aux effets de l'air, quoique la plupart des réactifs puissent les ternir ou les
altérer. Cette facilité avec laquelle les
nuances qu'elle produit peuvent s'altérer,
est la raison pour laquelle toutes les étoffes qui doivent recevoir sa teinture, sont
teintes en pièce. Les laines qui doivent
entrer dans des schals ou dans des tapis,
sont teintes en fil; mais, dans leur emploi, ces fils ne sont ni mouillés, ni frottés
d'huile, ni mis en contact avec rien qui
les puisse ternir.

Avant la découverte de l'écarlate de cochenille, on employait beaucoup en Europe, une sorte d'insecte appelée kermès,
que l'on recueille sur une espèce de chêne
vert, en Espagne, dans le midi de la
France, en Italie et dans le Levant. Cet
insecte, traité par le bouillon de tartre et
d'alun, donne des nuances d'un rouge
plein, beaucoup plus solides que celles qui
sont produites par la cochenille, mais aussi
incomparablement moins brillantes : l'u-
sage en est à peu près abandonné aujour-

d'hui , parce que la garance peut le remplacer avec avantage pour beaucoup de
tons, et que, pour les autres , il ne peut être
comparé à la cochenille.

LAQUE.

La laque est une substance résineuse ,
d'un rouge plus ou moins foncé , que des
espèces de coccus , déposent autour des
branches de différens arbres, et qui doit
probablement sa couleur aux embryons et
aux détritus de ces insectes. On en distingue de plusieurs sortes dans le commerce :
la laque en bâtons qui est la laque natu-
relle, telle que les insectes l'ont déposée ;
la laque en grains, qui est la même laque
en petits grains dont il paraît que l'on a
déjà retiré une partie de la matière colorante avant de la livrer au commerce , et
la laque en écailles ou en tablettes, qui
n'est autre chose que la laque en grains fon-
due et coulée sur une pierre plate ou sur
un cylindre de bois.

La laque contient une matière colorante
rouge , qui peut produire différentes nuances d'écarlate et de cramoisi, plus solides
que celles qu'on obtient de la cochenille
et presque aussi belles. Pendant long-tems
on n'en a fait que fort peu d'usage , parce

qu'on ne savait comment la séparer de ses
parties résineuses, ou que les procédés
qu'on suivait en renchérissait singulièrement le prix ; aussi, ceux qui voulaient
l'employer, se contentaient ordinairement
de la réduire en poudre très-fine, et de
l'introduire en cet état dans le bain de
teinture, au-dessous de la température de
l'ébullition. Le bain devait être maintenu
avec soin à cette chaleur modérée, parce
qu'au bouillon, la couleur s'appliquait iné-
galement sur l'étoffe ; et il fallait en outre
laver les pièces très-chaudes au sortir du
bain, parce qu'autrement elles retenaient
beaucoup de résine qu'il devenait très-
difficile d'en détacher.

Depuis un certain nombre d'années, on
a imaginé de détruire la matière résineuse
de la laque par l'acide sulfurique, et cette
amélioration en a considérablement étendu
l'usage. En outre, on a aussi versé dans le
commerce des préparations de laque con-
nues sous le nom de *lac-lake* et de *lac-dye*,
et qui contiennent beaucoup moins de résine et beaucoup plus de matière colorante
que les différentes espèces de laque que
nous avons mentionnées. Ces préparations
ne sont autre chose qu'un précipité déter-
miné par l'alun dans une dissolution de la

matière colorante de la laque, et elles contiennent, outre la matière colorante, un peu
de résine, de l'alumine, des parties extrac-
tives, et des matières terreuses insolubles.
Elles sont sous forme de petits pains carrés,
et aujourd'hui exclusivement employées
en teinture. Pour s'en servir, on doit les
réduire en poudre extrèmement déliée, ou
plutôt les humecter d'eau et les moudre,
et les traiter ensuite par l'acide sulfurique.
Si elles sont en poudre, il faudra employer
trois parties d'acide à 66° de l'aréomètre,
contre quatre parties de poudre, et étendre
auparavant cet acide de deux fois son poids
d'eau. Si elles sont en pâte humide, on
emploira la même quantité d'acide relativement à leur poids sec primitif ; mais on
ne fera aucune addition d'eau.

Le mélange de l'acide avec le lac-lake
ou le lac-dye, étant fait, on le laissera
réagir pendant au moins un jour en été et
trois en hiver, avant que d'en faire usage.
Après ce terme, on pourra l'utiliser de deux
manières, soit en extrayant la matière colorante par des lavages à l'eau chaude qui
l'enlèveront, et dont on séparera l'excès d'a-
cide par une certaine quantité de chaux qui
se déposera à l'état sulfate, et en employant
cette liqueur colorée pour composer les

bains de teinture ; soit plus simplement , en
introduisant le mélange lui-même dans la
chaudière , et s'en servant pour teindre
sans rien redouter ni de l'acide sulfurique,
ni de la résine. En effet, la résine est dé-
truite, et l'acide, à la dose où il se trouve,
n'endommage ni la couleur, ni l'étoffe :
Du reste, on peut encore en affaiblir les
effets en ajoutant au bain de petites quantités de sous-carbonate de soude.

La laque fournit des nuances presque
aussi belles que la cochenille pour l'écarlate, le cramoisi, et toutes les couleurs
composées ou entre le rouge. Cette substance, de même que la cochenille, reçoit
un grand éclat de la dissolution d'étain,
et même elle en exige une quantité plus
considérable. On peut la conserver fort
long-tems dans son mélange avec l'acide
sulfurique , mais elle ne tarde pas à entrer
en fermentation et à s'altérer, lorsqu'elle
est simplement moulue et humide. Son
emploi est avantageux en ce qu'elle est
d'un prix inférieur à celui de la cochenille
et que ses nuances sont plus solides ; aussi
la consommation qui s'en fait est devenue,
depuis quelques années , très-considéra-
ble.

Orseille.

L'orseille est une matière colorante fournie par certains lichens qui développent une couleur rouge lorsqu'on les traite par l'ammoniaque et l'eau de chaux. Pour les préparer à l'usage de la teinture, on les pulvérise plus ou moins grossièrement, et on les laisse macérer avec de l'urine, dont on ajoute de nouvelles quantités de tems à autre; on ajoute aussi un peu de chaux ou de soude, et le mélange finit par prendre la couleur et la consistance que l'on lui trouve dans le commerce. La meilleure orseille se prépare avec un lichen qui croît aux Canaries et dans plusieurs îles de la Méditerranée, et qu'on appelle *lichen roccella*. Elle a la consistance d'une pâte, de couleur rouge-violet foncé, d'une odeur forte et désagréable, et présente de nombreux débris de la plante. Elle est connue sous le nom d'*orseille d'herbe* dans le commerce. En Auvergne, on prépare avec le lichen *parellus*, une autre espèce d'orseille que l'on vend sous forme de poudre plus ou moins grossière, et que l'on nomme *orseille de terre*, ou *pérelle*. Elle est inférieure à la première pour la qualité.

L'orseille est d'un assez grand usage
usage dans la teinture, surtout dans celle
des tissus légers qui n'ont pas une grande
durée. Elle produit des nuances de violet,
d'amaranthe et de lilas qui sont fort belles
mais peu solides; aussi on ne s'en sert généralement que pour modifier d'autres
nuances ou leur donner de l'éclat. On peut
dire qu'elle n'est d'aucun usage pour les
bonnes couleurs de la draperie teinte en
laine, et si quelques teinturiers s'en ser-
vent pour donner un peu plus de vivacité
à quelques bleus ternes, leur supercherie
n'a pas un effet de longue durée, car cette
teinte surajoutée disparaît presque entièrement dans les apprêts que l'on fait subir
à la laine avant qu'elle soit convertie en
drap.

L'orseille se décolore facilement par la
réaction de tous les corps qui ont une grande
affinité pour l'oxigène; aussi lorsqu'on passe
dans une cuve de bleu, des laines ou des
étoffes teintes avec cette substance, elles
ne tardent pas à perdre la couleur qu'elles
lui devaient, en se combinant avec une
plus grande quantité d'indigo qu'elles n'auraient fait. La cause de ce phénomène est
dans l'affinité que l'indigo en dissolution a
pour l'oxigène; ce qui fait qu'à mesure

qu'il s'applique sur le tissu, il se réoxide, et que de cette manière, à l'aide d'un fort pied d'orseille, une étoffe peut se teindre en bleu très-foncé dans une seule immersion, sans que l'indigo ait besoin du contact de l'air pour reprendre sa couleur bleue.

Bois de Brésil.

Les bois de Brésil, de Fernambouc et de Sainte-Marthe, sont des bois qui tirent leur nom des provinces qui nous les fournissent, et qui, tous, donnent une couleur rouge plus ou moins mêlée de fauve, et plus ou moins abondante. Celui qui donne le plus de couleur est le Fernambouc; ensuite vient le bois de Brésil qui donne la plus belle; quant au Sainte-Marthe, il en produit beaucoup moins, et il contient, de même que beaucoup d'autres bois de la même espèce qui viennent d'Aniole, de Nicaragne, de Sapau, etc., une matière colorante fauve qui nuit à la qualité de son produit.

Le bois de Brésil se combine facilement avec la laine, la soie et le coton, et produit de belles nuances en rouge, écarlate, rose, cramoisi; mais ces nuances n'ont que peu de solidité. Les acides font passer sa dé-

coction au fauve assez aisément, les alcalis la virent au cramoisi, l'alun lui donne
un ton plus foncé, le fer la fait tirer au
noir violet, et la dissolution d'étain au
rose. Cette décoction acquiert des qualités
en vieillissant, et il est facile de la conserver dans des tonneaux, mais il faut éviter qu'il ne s'y introduise des substances
étrangères qui pourraient déterminer un
précipité. Il faut aussi qu'elle ne soit exposée
ni à la lumière, ni à des exhalaisons de
gaz hydrogène sulfuré. On la prépare en
faisant bouillir long-tems le bois avec quarante fois son poids d'eau.

M. Dingler a proposé de purger la décoction des bois de Brésil d'une qualité
inférieure, de la matière colorante fauve qui
y est mêlée avec la matière colorante rouge.
À cet effet, il fait évaporer cette décoction
jusqu'à ce qu'elle ne contienne plus que
quatre parties d'eau pour chaque partie de
bois employée, après quoi, lorsque le
liquide est refroidi, il y ajoute le huitième
de son poids de lait écrémé, remue avec
soin le mélange, le fait bouillir pendant
quelques minutes, et le filtre ensuite à
travers un tissu de laine. La matière fauve
reste sur le filtre en combinaison avec la
matière caséuse, pendant que la couleur

est retenue en dissolution dans le liquide.

Le bois de Brésil assez en usage pour toutes les teintures qui ne requièrent pas une grande solidité, est peu employé dans la teinture de la draperie, où l'on ne s'en sert, du reste, que pour modifier quelques couleurs composées. Encore, comme l'on peut produire dans ce cas les mêmes effets avec d'autres substances moins chères, il est rare que l'on se trouve disposé à en faire usage.

Santal.

On distingue trois espèces de santal, le blanc, le citron et le rouge ; mais il n'y a que celui-ci qui soit employé en teinture. On l'apporte des Indes en grosses bûches dont l'extérieur est brun, mais dont l'intérieur est rouge de sang : on l'emploie moulu. Sa matière colorante est peu altérée par les acides, et résiste avec avantage aux effets de l'air. Elle est peu soluble, mais sa solubilité est considérablement augmentée par les alcalis ; du reste elle donne des teintes rouges brunes, qui s'allient bien avec le produit de la gaude, du bois jaune et de la garance, dans les couleurs composées, et surtout dans celles qui sont destinées à être brunies. Cette substance est connue dans plusieurs provinces, par ceux qui l'emploient, sous le nom de cariatour.

Carthame.

Le carthame, ou safranum, est une plante que l'on cultive surtout dans le Levant et dont les fleurs sont d'un grand usage pour la teinture du coton et de la soie. Il fournit deux couleurs très-distinctes, et que l'on sépare toujours, la jaune et la rouge. La couleur jaune n'est guère employée, mais la couleur rouge sert à produire sur la soie ces admirables nuances de rose qui ont tant d'éclat, mais qui sont si peu solides.

Lorsque l'on veut employer les fleurs du carthame, il faut les introduire dans un sac de toile et les porter dans un courant d'eau où on les lave et où on les foule bien. La matière colorante jaune qui est soluble dans l'eau, se sépare peu à peu de la rouge, et les fleurs, de rouge-orangé qu'elles étaient, deviennent d'un beau rouge vif. Cette opération du lavage est très-longue, et un homme ne peut guère laver en un jour que deux sacs de fleurs

de huit livres chaque, qu'il quitte et reprend tour à tour.

La matière colorante jaune ayant été
complétement entraînée par l'eau, ou traite
les fleurs par le huitième ou le sixième de
leur poids de sous-carbonate de potasse ou
de soude, et après les avoir laissé macérer
un peu, à l'état humide, avec l'alcali pulvérisé, on ajoute de l'eau qui se charge
de la couleur à la faveur de cet alcali. Cette
addition se fait en quantité suffisante pour
que le liquide, en passant et repassant sur
les fleurs, puisse enlever toute leur matière colorante, et que, de rouges, elles
deviennent couleur de son. La dissolution
est alors employée pour teindre.

Gaude.

La gaude, *reedsa lutéola*, est une plante
assez commune dans toute la France, et
que l'on cultive en beaucoup d'endroits
pour les besoins de la teinture, dont elle
est un des ingrédiens les plus utiles. Les
cultivateurs l'arrachent dans le mois de
juin ou juillet, la font sécher, et la mettent en bottes. Ses tiges, d'environ trois
pieds de long, et d'autant plus estimées
qu'elles sont plus fines, sont garnies de

feuilles rares et étroites , et vers leurs sommités, de petites fleurs très-rapprochées. On les fait servir tout entières à la teinture, mais les feuilles , les capsules et les graines sont les parties qui produisent le plus de couleur. La gaude produit une couleur jaune solide , qui est utilement modifiée par divers mordans. On l'emploie dans toutes les bonnes couleurs de la draperie où il entre du jaune ; pour les verts solides , les bronzes , les carolines et les autres couleurs composées , qui empruntent au jaune une partie de leur teinte et de leur reflet ; et comme elle ne durcit pas la laine , on la préfère communément aux bois de teinture qui donnent la même couleur.

On l'emploie en quantité considérable, et il en faut quelquefois trois ou quatre parties pour teindre une partie de laine en jaune foncé. Cependant cela n'a lieu que lorsque les laines ont été bouillies avec une forte proportion d'alun et de tartre, et que l'on demande des nuances jaunes, à la fois très-vives et très-foncées. Mais quand le produit de la gaude doit entrer dans des couleurs composées , et que l'on n'emploie qu'une moindre quantité d'alun , alors on obtient les mêmes effets avec deux parties qu'avec quatre ordinairement.

Les alcalis ont la propriété de foncer tous les bains de gaude ; aussi plusieurs teinturiers y font-ils entrer une petite quantité de potasse, de cendre ou de chaux. Le sel marin rend aussi la décoction plus dense et plus saturée, mais il en fait incliner la couleur au vert, pendant que les alcalis la portent au roux. Le plâtre la fonce ; le sulfate de fer la fait incliner au brun, et le sulfate de cuivre lui fait produire une couleur verte. L'alun et le tartre sont les mordans les plus appropriés à la gaude, dont ils assurent, et avivent les nuances ; cependant, la matière colorante de cette plante s'allie aussi avec la dissolution d'étain.

Bois jaune.

Le bois jaune, *morus tinctoria*, est un arbre qui croît dans les Antilles, et dont le bois peu compact, de couleur jaune, et veiné d'orangé, est d'un grand usage en teinture où on l'emploie réduit en minces copeaux. La couleur qu'il communique aux laines sans mordant est assez solide, parce qu'il contient une certaine quantité de principe astringent qui lui sert de mordant; aussi sa décoction précipite-t-elle assez abondamment par la colle forte. Cependant, il est rare que les laines que l'on lui soumet n'aient pas reçu le mordant d'alun. Son produit a une teinte plus dorée que celui de la gaude, mais il a moins de vivacité ; du reste, il éprouve des altérations analogues par les acides et les alcalis.

Le bois jaune contient de deux à trois fois plus de matière colorante que la gaude à volume égal. On lui reproche de communiquer à la laine un peu de sécheresse et de dureté. Cependant, le bas prix dont il est, et l'abondance, et la solidité de sa couleur, rendent son usage très-général. Il s'allie bien avec les mordans ordinaires, l'alun, le tartre, et la dissolution d'étain ; il est préférable à la gaude, pour les verts *de Saxe*, et il entre concurremment avec cette plante, dans la production de la plupart des couleurs composées, et surtout des couleurs solides de la draperie. On les emploie même ensemble ordinairement pour les jaunes purs, parce qu'il corrige les teintes un peu verdâtres que donne la gaude.

Quercitron.

Le quercitron est l'écorce d'une espèce de chêne qui croît en Amérique, et que l'on emploie en teinture après en avoir séparé l'épiderme, et l'avoir réduite en poudre dans des moulins; cette écorce contient une grande quantité de matière colorante, dont l'eau se charge presque entièrement à la température d'environ 40°, et qui brunit par l'action de l'eau bouillante. Aussi lorsqu'on en prépare la décoction, il faut éviter de porter le bain à l'ébullition, ou du moins, laisser abaisser sa température, dès qu'il y est arrivé.

Le quercitron se combine facilement avec les laines qui ont reçu un léger bouillon d'alun. Le tartre fait incliner sa couleur au verdâtre, le sulfate de fer à l'olive; mais la dissolution d'étain lui fait prendre une nuance de jaune éclatante. On le préfère à la gaude et au bois jaune dans l'impression des toiles, parce qu'il ne colore presque pas les fonds blancs; mais il faut avoir soin de ne pas élever la température du bain au-dessus de 50 degrés. Une partie de quercitron fait autant d'effet que trois à quatre parties de bois jaune.

Roucou.

Le roucou, ou rocou, est une pâte qui vient de l'Amérique Méridionale, et que l'on prépare avec les semences du *bixa orellana*. Pour être bonne, elle doit être couleur de feu, douce au toucher, et se délayer entièrement dans le bain. Elle abandonne très–facilement sa couleur à l'eau chargée d'alcali, et communique des nuances d'un jaune plus ou moins rougeâtre aux divers tissus. On ne l'emploie pas dans la teinture des laines, parce que la couleur qu'elle produit est très–fugitive, et qu'il est facile de la remplacer ; mais elle est assez en usage dans la teinture des soies. On l'emploie aussi pour le coton et le fil, et elle produit sur ces matières des couleurs analogues à celle qu'on obtient du fer, mais beaucoup moins solides, quoique plus vives.

Curcuma.

Le curcuma, ou *terra merita*, est une racine jaune qui nous vient de l'Inde, et qui est recouverte d'une écorce plus ou moins brunâtre ; il contient une grande quantité de matière colorante ; il a une odeur de gingembre, une saveur chaude et aromatique, et colore la salive en jaune. On en distingue de deux espèces, mais toutes deux ont des propriétés analogues. Sa matière colorante se communique avec facilité aux divers tissus, mais elle ne reçoit de solidité de la réaction d'aucun mordant, et toutes les nuances qu'elle produit sont très-fugaces, et surtout très-altérables par le soleil. Du reste, elles sont singulièrement éclaircies, et avivées par la dissolution d'étain et le tartre, tandis qu'elles reçoivent des alcalis une teinte rouge.

Le curcuma n'est guère employé en teinture, que pour rehausser certaines nuances de jaune, et leur donner un éclat passager. On l'emploie aussi quelquefois avec le bois jaune et la dissolution d'indigo, pour les verts de Saxe, mais cette couleur, déjà peu solide par elle-même, devient encore par là plus fugace ; enfin on l'associe fréquemment à la cochenille pour la production de la couleur écarlate, et c'est dans cette occasion que son usage offre le moins d'inconvéniens, parce qu'elle se trouve soustraite à l'influence du rayon rouge, celui des rayons par lequel elle est le plus vivement attaquée.

Fustet.

Le fustet, *reus cotinus*, est un arbrisseau qui croît dans le midi de la France et de l'Europe, et qui est d'un grand usage dans la teinture des étoffes légères, qui ne sont pas de grande durée. Pour l'ordinaire, sa couleur est d'un jaune plus ou moins brun, mêlé d'un vert pâle, mais quelquefois elle est d'un jaune serin éclatant. Elle reçoit les modifications les plus variées de la part des divers mordans, et s'associe bien avec le produit des autres matières colorantes dans les couleurs composées. Ces qualités rendent le fustet précieux dans toutes les teintures où l'on travaille des étoffes légères à l'échantillon; mais il est presque totalement inusité pour la production des couleurs solides de la draperie; et si par hasard on l'y fait concourir quelquefois, c'est pour ajouter à quelque nuance, ou en corriger plus facilement les mauvais effets; du reste, son emploi présente rarement des inconvéniens dans les brunitures, auxquelles il donne une teinte douce particulière ; il n'en présente pas non plus lorsqu'on l'associe à la cochenille, pour les couleurs écarlate, orange ou aurore, parce qu'il fournit à ces couleurs composées, une nuance d'un jaune éclatant, qui, comme celle que l'on obtient du curcuma, est assez solide lorsqu'elle est alliée à la couleur rouge.

Sumac.

Le sumac, *rhus coriaria*, est un arbrisseau commun dans le midi de l'Europe et dont les jeunes branches moulues sont d'un grand usage dans la teinture. On en distingue de plusieurs espèces, mais toutes ont les mêmes propriétés, et elles ne diffèrent que dans la proportion du principe astringent, c'est-à-dire que du plus au moins, relativement aux effets, toutes les fois que l'on les emploie comme bruniture.

Le sumac, lorsqu'on l'emploie isolé, peut communiquer aux divers tissus une teinte d'un fauve verdâtre, qui, modifiée par certains mordans, produit différentes nuances de jaune qui sont assez convenables pour le coton ; mais dans la teinture des laines, il n'est jamais employé qu'allié à d'autres substances, telles que le bois d'Inde, la garance, le santal, etc., pour la production des noirs ou des gris, et d'une foule de couleurs composées. Sa qualité astringente la rend propre à se combiner sans mordant avec les étoffes, et il communique la même propriété aux autres matières colorantes qui se rencontrent dans le même bain; son plus grand usage est pour la teinture du noir, où il a été presque généralement substitué à la noix de galle.

Noix de galle.

La noix de galle est une excroissance qu'on trouve sur de jeunes branches de chêne, et particulièrement sur celles de l'espèce appelée *rouvre*, qui croît dans le Levant; elle est la suite de la piqûre d'un insecte, et contient en abondance deux principes qui produisent de grands effets en teinture, l'acide gallique et le tannin. Ces substances agissent sur les tissus en entrant en combinaison avec eux et les convertissant en un corps pour ainsi dire nouveau, qui a la propriété de former des combinaisons permanentes avec la plupart des autres matières colorantes, sans l'intermédiaire d'aucun mordant. Elles concourent encore efficacement à la production du noir, en formant avec les sels de fer des précipités de cette couleur ; enfin elles produisent, avec quelques autres oxides, des précipités diversement colorés dont plusieurs modifient le noir avec avantage, ou produisent différens gris. On rencontre des noix de galle de différentes qualités dans le commerce. Les meilleures sont petites, denses, foncées et hérissées de petites éminences ; elles ne portent pas de trou, ce qui montre que les œufs que l'insecte avait déposés, n'ont pas eu le tems de se développer et de se changer en insectes parfaits après avoir passé par l'état de larves. Dans ces noix, l'acide gallique et le tannin sont très-abondans. Il n'en est pas de même de celles qui sont blanchâtres, légères, grosses et percées d'un trou ; celles-ci sont toujours inférieures dans leur qualité, soit que ce soit une conséquence du développement de l'insecte, ou de la réaction des principes mêmes de la noix.

Écorce d'aune.

L'écorce d'aune, *alnus alba*, *betula alba*, est une écorce qui donne une décoction d'un fauve clair qui brunit à l'air, et peut produire différentes nuances de jaune avec l'alun et la dissolution d'étain. Elle n'est guère employée dans la teinture de la draperie parce que l'on peut obtenir les mêmes effets de beaucoup d'autres manières ; cependant elle communique à la laine des nuances de fauve clair belles et solides. Son grand emploi est dans la teinture du coton en noir, où elle entre comme un utile ingrédient, à cause de la propriété qu'elle a de dissoudre une certaine quantité d'oxide de fer.

L'écorce d'aune n'est pas la seule dont on puisse faire usage en teinture. Presque toutes les écorces ont des propriétés analogues qui ne diffèrent que du plus au moins. Leur décoction est ordinairement fauve, elle tourne au jaune par la dissolution d'étain et d'alun, et au noir par les sels de fer ; et si elles sont généralement sans usage, c'est que le nombre des matières colorantes est déjà très-grand, et que le teinturier a plus d'avantage à en connaître bien un petit nombre, qu'à en connaître une multitude imparfaitement.

Brou de noix.

Beaucoup de teinturiers ont abandonné l'usage du brou de noix ; cependant la couleur fauve de cette substance est si solide et on peut la faire entrer si utilement dans la composition des bruns et des gris de toute nuance, que nous ne pouvons nous empêcher d'en recommander l'usage. Pour le conserver, il suffit de le recueillir à l'époque où on abat les noix, et de le mettre dans des tonneaux où on a soin de le tenir recouvert d'eau, et qu'on ne remue jamais ; avec cette précaution on peut le garder d'une année à l'autre sans qu'il s'altère, et même beaucoup plus long-tems. Pour l'employer, on l'introduit dans une chaudière où on le fait bouillir longuement ; on enlève ensuite le marc avec soin et l'on ajoute assez d'eau dans la chaudière pour que ce liquide affleure le bord. Alors on fait du feu de nouveau, mais avec lenteur, et au moment où l'ébullition se déclare, on enlève, avec un balai, toute l'écume qui se trouve à la surface de la chaudière et qui contient une espèce d'huile susceptible de tacher les laines. Cependant quelques teinturiers préparent cette décoction sans écumer ; seulement ils font bouillir alors le brou de noix beaucoup moins long-tems. Cette substance communique aux laines, sans l'intermédiaire d'aucun mordant, une couleur fauve ou noisette qui est très-solide ; on peut aussi l'employer avec des mordans, mais on ne le fait que pour varier les nuances ou leur donner plus d'éclat.

La racine du noyer jouit des mêmes qualités à peu près que le brou de noix, elle produit des nuances fauves inaltérables ; mais elle contient une moins grande quantité de matière colorante ; du reste, elle se comporte de la même manière avec les mordans ; sa décoction, ainsi que celle du brou de noix, a la propriété de dissoudre une certaine quantité d'oxide de fer et de prendre une couleur noire sans laisser déposer de précipité. Cependant l'addition de la couperose, à une température élevée, détermine dans cette même décoction un précipité noir abondant, dû sans doute à la réaction particulière exercée par l'acide sulfurique.

Suie.

La suie a été long-tems d'un grand

usage dans la teinture des laines, et elle
est encore employée avec succès dans quelques endroits; elle est propre à communiquer aux couleurs de gaude une teinte dorée qu'on n'obtiendrait pas par d'autres
moyens, et peut servir encore à produire
beaucoup de teintes particulières à l'imi-
tation des objets naturels. Sa couleur est
inaltérable à l'air, mais les acides lui font
perdre tout son éclat.

Emploi des Matières colorantes.

Après l'exposé qui précède des principales propriétés dont jouissent les différentes substances en usage dans la teinture, nous allons parler de l'application
des couleurs sur les laines et des différentes opérations à l'aide desquelles on parvient à produire toutes les nuances. Notre
objet est d'entrer dans tous les détails
nécessaires pour que l'on puisse tenter de
répéter les procédés que nous aurons indiqués avec espoir de succès. Nous insiste-
rons en particulier, sur la production des
couleurs les plus importantes; telles que
le bleu, le rouge et le noir; et lorsqu'on
aura bien saisi la manière d'opérer pour
chacune d'elles et qu'on aura vu com-

ment elles peuvent être modifiées presqu'à
l'infini, par divers mordans, alors nous
parlerons de couleurs composées, et l'on
comprendra aisément quelle peut être la
marche la plus convenable pour les obtenir.

TEINTURE EN BLEU.

Bleu d'Indigo.

De toutes les substances au moyen desquelles on peut obtenir en teinture, une
couleur bleue, il n'y a que l'indigo qui
puisse produire un bleu solide et susceptible de résister avec avantage aux acides,
aux alcalis et à l'air. Comme cette substance n'est pas soluble dans l'eau ni dans
les acides, et même qu'elle ne peut être
dissoute par les alcalis qu'à la faveur de
circonstances particulières difficiles à réu-
nir, il s'en suit que la teinture du bleu
est celle qui réclame le plus de discernement et de surveillance de la part du teinturier.

Les vases dans lesquels on opère la dissolution de l'indigo, ainsi que l'ensemble
des matières qui y réagissent les unes sur

les autres, sont appelés *cuves*. On distingue différentes espèces de cuves : dans les unes, la fermentation nécessaire à la désoxidation de l'indigo est provoquée par la présence d'une plante appelée pastel ou vouëde, et elles sont dites *cuves au pastel ou au vouëde*. Leur capacité est d'environ cinq mille litres ; dans d'autres, les matières, au moyen desquelles l'indigo est désoxidé, sont uniquement la garance et le son. Ces cuves ont la potasse pour dissolvant, et cet alcali leur donne son nom. Leur capacité est très-variable : quand on les destine à la teinture des laines, elles contiennent communément de deux à trois mille litres ; mais quand elles sont destinées à teindre la soie, leur capacité n'est guère que de deux cents à cinq cents litres ; enfin il y a encore d'autres cuves dont la grandeur n'a rien de fixe, et qui sont en usage pour le coton : on les nomme *cuves à la couperose ou à froid*, parce que le protoxide de fer de la couperose est, dans ces cuves, la substance désoxigénante, et que le travail s'y fait constamment à froid. Ces différentes cuves, de la conduite desquelles nous ferons une étude particulière, sont les seules dont l'usage soit général. Cependant il y a encore d'autres métho-

des adaptées pour la dissolution de l'indigo, dans l'impression des tissus, mais
leur description serait ici hors de place,
et nous n'en parlerons qu'au moment où
il sera devenu nécessaire de les connaître.

Pastel et Vouëde.

En décrivant les substances tinctoriales,
nous n'avons parlé ni du pastel ni du
vouëde, parce qu'on ne fait pas usage de
ces plantes, dans la teinture, dans la vue
de tirer un service spécial de leur matière
colorante, mais seulement pour provoquer
et entretenir par leur moyen la fermentation particulière nécessaire à la désoxidation de l'indigo. Leur étude nous paraît
mieux placée en cet endroit, et nous pensons qu'elle offrira plus d'intérêt, parce
qu'elle pourra être envisagée ici en même
tems sous tous ses rapports.

Le pastel est une plante herbacée qui
était employée en France à la teinture du
bleu avant l'importation de l'indigo ; mais
depuis cette époque on n'a plus pour objet
principal en l'employant, de mettre à profit
sa matière colorante, et on ne le fait entrer
dans les cuves que pour parvenir à désoxider l'indigo. Quoique la culture en soit

considérablement diminuée, on le cultive encore dans quelques départemens du midi, où on le fauche et où l'on fait moudre ses tiges, lorsque leur dessication n'est pas encore trop avancée. Il en résulte une espèce de pâte mal liée que l'on met en tas en l'abritant avec soin et que l'on presse fortement à la surface pour que l'air ne s'introduise pas dans la masse. Cette pâte subit une espèce de fermentation que l'on arrête au bout de dix à quinze jours; après quoi on la pétrit avec les mains et on la forme en pelotes dans de petits moules de bois. Ces pelotes, que l'on fait dessécher avec soin, se conservent fort long-tems de cette manière, et on les réduit en poudre grossière au moment où l'on veut s'en servir.

Dans les provinces du nord de la France, on cultive une autre espèce de pastel qu'on appelle vouëde, mais on ne lui fait pas subir les mêmes préparations que dans le midi, et on se contente de le faire dessécher en herbe. Les tiges de la plante ainsi desséchées, sont introduites tout entières dans la cuve, et l'on a remarqué qu'elles y produisent un effet plus constant et plus régulier que celles qui étaient préparées comme dans le midi, et qui subissaient une fermentation préalable.

4*

Le pastel et le vouëde contiennent une certaine quantité d'une matière colorante entièrement comparable à l'indigo par ses propriétés et par ses effets, et que l'on peut extraire à l'aide de manipulations tout-à-fait semblables ; mais cette matière étant très-peu abondante, le prix qu'elle coûte lorsque l'on veut se la procurer ne permet pas de se livrer à son extraction.

Cuves au Pastel ou au Vouëde.

La pratique suivie pour mettre les cuves au pastel en état de teindre, ou, en d'autres termes, pour les monter, varie dans les différens pays et dans les différens ateliers ; mais ces variations ne sont presque d'aucune importance, et toutes les méthodes conduisent également à la même fin qui est d'exposer à une réaction réciproque, à la température d'environ 50° centigrades, du pastel, de la garance, du son, de la chaux et de l'indigo. Du reste, voici l'exposé d'une pratique suivie fréquemment et avec succès. On introduit dans une cuve de la capacité d'environ cinq mille litres, de cent à cent cinquante livres de pastel concassé et ramolli, ou de vouëde non fermenté, avec huit à dix livres de garance commune et cinq à six livres de son, et l'on verse sur ces matières une quantité d'eau bouillante, telle qu'en achevant de remplir la cuve d'eau froide, la température redescende à 55°. Si cette addition d'eau la faisait tomber à une température plus basse, on allumerait un peu de bois contre la cuve pour la réchauffer au point convenable, et si au contraire elle se trouvait trop chaude, on la laisserait découverte pendant quelque tems. Dans tous les cas, lorsque la cuve est remplie, on y ajoute de douze à vingt livres d'indigo, moulu avec soin, et cinq à six livres de bonne chaux éteinte à l'air. Après quoi, on cesse d'agiter les matières, ce que l'on avait fait presque constamment depuis le commencement de l'opération, avec un mouveron appelé *rable*; on couvre la cuve, et on la laisse pendant cinq ou six heures en repos. A ce terme, on recommence de l'agiter avec le rable, ou de la *pallier*, ce qui se fait en allant chercher les matières dans le fond avec le rable et les ramenant vers le haut par une secousse, et quand cette manœuvre a duré une demi-heure environ, on laisse encore reposer la cuve pendant trois heures, après quoi on la pallie de nouveau, et l'on fait succéder ainsi tour à tour les palliages et les repos, jusqu'à ce qu'elle montre à sa surface quelques veines bleues. Dès ce moment on doit examiner avec beaucoup d'attention tous les signes qui se manifestent. On doit encore laisser reposer la cuve pendant trois heures; mais, à ce palliage ou au suivant, on doit y mettre, un peu avant que de cesser de pallier, environ une demi-livre de chaux. La cuve, pendant son repos, produit à cette époque un petit bruit sourd occasioné par la fermentation qui s'y établit, et qu'il importe de ne pas laisser devenir trop active. En conséquence on reconnaît de tems en tems l'odeur de la cuve, et si on la trouve douceâtre, et si on aperçoit que la pâtée a de la disposition à monter à la surface du bain, on ajoute au premier palliage une livre à une livre et demie de chaux.

A cette époque la cuve présente des caractères qui sont propres à faire apprécier son état : si le bain est d'une belle couleur jaune dorée, s'il se recouvre de veines et d'écumes bleues, et s'il présente de nombreuses pellicules cuivrées, on peut juger que la cuve est en bon état. En même tems, la pâtée amenée à l'air, à l'aide du rable, doit passer de la couleur verdâtre, qui est sa couleur, au brun foncé, et elle ne doit présenter aux doigts un toucher ni rude ni gras. Quant au bain, il ne doit avoir que l'odeur caractéristique qui appartient aux dissolutions d'indigo, et cette odeur n'est ni douceâtre ni piquante; et en outre, il faut que lorsqu'on le heurte, c'est-à-dire, qu'on y injecte de l'air en y plongeant subitement la pelle d'un rable, les bulles d'air qui viennent surgir à sa surface, s'y soutiennent avant de crever, et qu'elles prennent une belle couleur bleue.

Si l'odeur de la cuve devenait fade, si les bulles se crevaient très-vite, si les veines bleues séparées par le souffle, se réunissaient lentement, et si la pâtée exposée à l'air ne prenait pas une teinte brune, ce serait signe d'une fermentation trop active, et il faudrait ajouter de la chaux. On n'en ajouterait pas, au contraire, si l'odeur de la cuve devenait piquante, si le pied paraissait dur et sec au toucher, et si le bain se couvrait pendant le palliage d'une sorte de pellicule légère, de couleur grisâtre, produite par l'action de l'air sur la chaux.

Lorsque la cuve présente des signes favorables, et qu'elle a une forte odeur de dis-

solution d'indigo, on y plonge un échantillon de laine blanche, une ou deux heures
après le palliage, et on le retire après qu'il
y est resté une demi-heure. Au sortir de
la cuve, il doit avoir une belle couleur
verte, et passer promptement au bleu au
contact de l'air; et si l'on juge que sa
nuance est assez foncée relativement à la
quantité d'indigo dont la cuve a été chargée,
alors on peut commencer le travail. A cet
effet, on introduit dans le bain un cercle
de fer garni d'un treillis de cordes, qu'on
nomme *champagne*, et qu'on maintient à
une profondeur convenable, et ensuite on
étend sur toute la cuve un filet dont la
champagne soutient le fond. C'est dans ce
filet que l'on plonge la laine en toison,
après qu'elle a été bien dégraissée, et on
l'y manie à l'aide de bâtons appelés *lisoirs*.
Ordinairement on la laisse ainsi dans le bain
durant trois quarts d'heure, après quoi on
la relève, on la déverdit et on la fait
égoutter. Les mises sont communément de
quarante livres, pour les cuves de cinq
mille litres de capacité, et si ce sont des
étoffes en pièces que l'on ait à teindre,
l'on y en passe une quantité correspon-
dante, vingt, trente ou quarante aunes,
selon le besoin. Mais dans ce cas, on ne

met pas de filet dans la cuve, et l'on se contente d'y descendre la champagne, pour empêcher l'étoffe d'aller jusqu'au fond et de se salir de pâtée. Du reste, après chaque opération, on doit pallier la cuve avec soin, consulter son odeur ou son aspect pour voir si elle n'a pas besoin de chaux, et, dans tous les cas, attendre environ trois heures avant que de recommencer à y teindre.

Les cuves dont nous parlons doivent être entretenues avec soin à la température d'environ cinquante degrés. Toutes celles que l'on fait depuis long-tems sont en cuivre, le fond seul en est en ciment ; elles sont revêtues d'une robe en maçonnerie dans laquelle circule la cheminée d'un fourneau qui les chauffe latéralement, et elles sont enfoncées dans le sol de manière à ne s'élever au-dehors que de trente pouces à trois pieds. On les chauffe habituellement tous les soirs, pour que chaque jour leur température varie très-peu, mais ce n'est ordinairement que tous les deux jours que l'on leur ajoute de l'indigo, parce qu'après cette addition on les laisse un peu plus long-tems sans travailler ; du reste le nombre de pallî-mens que l'on peut faire durant ces deux jours, ne surpasse pas sept à huit.

Les cuves étant ainsi en travail, celui qui les conduit doit consulter attentivement tous leurs caractères, pour maintenir la fermentation au même degré, en n'ajoutant de la chaux qu'à propos. Ordinairement, la quantité que l'on met chaque jour dans une cuve, est d'une livre à peu près ; mais quelquefois il est à propos de supprimer ou de forcer la dose, et nous parlerons bientôt des circonstances où il en doit être ainsi. Du reste, nous observerons que lors de chaque addition d'indigo, il est à propos d'ajouter une certaine quantité de garance moyenne, la moitié autant que d'indigo à peu près.

Les cuves au pastel ou au vouëde étant sujettes à se déranger fréquemment, à cause de la difficulté qu'il y a à n'administrer la chaux que dans des proportions convenables, nous entrerons dans quelques détails sur les inconvéniens qui peuvent se présenter, et sur la marche qu'il est à propos de suivre pour y obvier.

Lorsque la cuve a reçu une trop grande quantité de chaux, et que le mouvement de fermentation des matières s'est totalement arrêté, alors l'indigo, qui ne se désoxide plus, se précipite insensiblement, le bain finit par ne retenir aucune couleur, l'odeur de la cuve est âcre et piquante ; la pâtée, de couleur rouge brunâtre ne change pas par son exposition au contact de l'air, et paraît rude au toucher ainsi que le bain ; et le choc du rable ne fait monter sur la cuve que des bulles grisâtres qui crèvent avec un bruissement prononcé ; dans ce cas, l'on dit que la cuve est rebutée, et comme les signes qu'elle manifeste sont assez tranchés pour ne pas craindre d'y être trompé, il faut s'attacher à y faire renaître la fermentation. Les moyens auxquels on peut recourir sont nombreux, mais d'ordinaire chaque teinturier en suit quelques-uns de préférence. Les uns introduisent dans la cuve du vouëde ou du pastel ramolli dans de l'eau chaude avec un peu de garance et de son ; d'autres y provoquent directement la fermentation par une addition d'urine ; d'autres y jettent de dix à vingt livres de son dans un sac qu'ils retirent dès que la fermentation a reparu, et d'autres enfin y introduisent de la couperose dont l'acide sature une partie de la chaux, et dont l'oxide est propre à désoxigéner l'indigo ; mais dans tous les cas, il faut éviter d'exciter trop vivement la fermentation et de tomber dans l'inconvénient opposé.

Voilà ce qui arrive et comment on doit

agir, lorsque la cuve est tout-à-fait rebutée ; mais lorsque la chaux ne s'y trouve qu'en léger excès, alors le bain présente d'autres caractères, et il faut suivre une autre marche pour remédier au mal.

Dans une cuve qui est faiblement rebutée, la couleur verte du bain et de la pâtée s'est changée en une teinte d'un vert brunâtre plus ou moins foncée ; l'odeur est devenue un peu pénétrante, et la pâtée et le bain ont acquis un maniement légèrement rude. Ces symptômes dénotent qu'il y a un peu trop de chaux ; en conséquence on pallie sans en ajouter, et on laisse la cuve reposer ensuite sept à huit heures sans y toucher, et ce repos suffit ordinairement pour que la fermentation se ranime. Un nouveau repos, ou l'addition d'une poignée de garance et de son, auraient pour effet de rétablir la fermentation dans tous les cas.

Les cuves dans lesquelles la fermentation est devenue trop active sont sujettes à d'autres inconvéniens. D'abord elles donnent des nuances plus foncées qu'on ne l'attendrait ; mais peu à près elles cessent de produire aucune couleur, et si on n'arrête promptement la fermentation, il est à craindre qu'il ne se détruise beaucoup d'indigo. Ces cuves ont une odeur fade, une pâtée et un bain molasses au toucher, les veines qu'elles présentent sont rares, larges et blafardes et ne se réunissent que très-lentement lorsqu'on les sépare en soufflant dessus, et enfin la pâtée et le bain de couleur rougeâtre, acquièrent une teinte d'un vert jaunâtre au contact de l'air. De telles cuves demandent à être chauffées un peu vivement, et une addition de chaux double de celle qui est ordinaire. Une température plus élevée, et une plus forte addition de chaux seraient encore un remède certain, alors même que la cuve aurait pris une odeur puante d'hydrogène sulfuré, et que la pâtée serait remontée sur le bain. Dans le cas où en voulant modérer la fermentation, on viendrait à l'arrêter tout-à-fait, on suivrait la marche que nous avons déjà prescrite pour les cuves rebutées.

En parlant des cuves rebutées, nous n'avons attribué qu'à un excès de chaux, le défaut de fermentation que l'on y remarque; mais un inconvénient presque semblable peut se présenter alors même que la quantité de chaux, n'est pas, dans la réalité, trop considérable. Ainsi en chauffant trop fort une cuve en bon état, on peut suspendre temporairement sa fermentation, et lui donner l'apparence d'une cuve rebutée ; on le peut encore en y travaillant immodérément, ou trop-tôt après le réchaud ; et enfin il se produit naturellement un état pareil, toutes les fois que le pastel ou le vouëde sont de mauvaise qualité ou trop vieux. Cet invonvénient se reconnaît toujours aisément parce que le maniement de la cuve n'est ni gras, ni rude, qu'elle n'a pas l'odeur pénétrante et ammoniacale qui dénote un excès de chaux, et que la laine que l'on y veut teindre s'y colore d'un bleu grisâtre ; mais dans tous les cas, la cuve se rétablit sûrement par l'addition de quelques livres de vouëde ou de bon pastel et par le repos. Une cuve bien gouvernée et nourrie à propos d'indigo, de vouëde, de garance et de son, peut continuer son travail pendant cinq à six mois ; mais c'est sans avantage que l'on voudrait la faire durer plus long-tems.

Ce qui précède suffit pour faire comprendre que le point principal, dans la conduite des cuves au vouëde, est de ne faire d'addition de chaux qu'en tems opportun ; ainsi on doit s'attacher surtout à reconnaître les divers caractères qu'elles présentent dans les différens états ; si l'on n'oublie pas les remarques que nous avons faites, on peut espérer acquérir en peu de tems toute l'habileté nécessaire pour se diriger. Quant à la conduite de la besogne, il ne peut se présenter à cet égard de difficulté. Les étoffes ou les laines reçoivent toujours un nombre de pallicmens proportionné à la nuance qu'on veut obtenir, et la couleur ne manque jamais de vivacité, toutes les fois que la cuve est en bon état.

Nous terminerons ce qu'il est dans notre intention de dire sur les cuves au vouëde, par quelques réflexions sur la manière dont l'indigo s'y comporte. Nous avonerons cependant que tout ce que vous pouvons dire à cet égard n'est qu'hypothétique. Il paraît que la fermentation nécessaire pour la désoxidation de l'indigo, a pour effet de provoquer la combinaison de l'oxigène de l'indigo avec le carbone de la garance, et de former du gaz acide carbonique, qui se dégage ou plutôt qui sature la chaux, pendant que les autres élémens de la garance, l'oxigène et l'hydrogène, entrent en combinaison pour former de l'eau. Cette réaction, ou du moins une réaction analogue paraît avoir lieu, toutes les fois que la cuve est un bon état. Mais quand la fermentation devient trop active, il paraît que ses caractères changent. Alors il ne se forme plus du gaz acide carbonique et de l'eau, ou du moins il se forme en même tems d'autres produits. Une partie de l'hydrogène se dégage à l'état de gaz en tenant en dissolution du carbone, et une autre partie entre en combinaison liquide avec du carbone et de l'oxigène, et produit de l'acide acétique. Dans ces réactions, l'indigo est désoxidé et de couleur jaune, et l'on n'en aperçoit nulle trace, mais comme il n'est pas en dissolution dans le bain, il faut qu'il ait éprouvé en même tems quelqu'autre altération inconnue. Quoi qu'il en soit, si l'on remédie à l'inconvénient de la fermentation assez promptement, une grande partie de l'indigo reparaît, quoiqu'il y en ait toujours une quantité assez considérable de totalement altéré. Nous ignorons d'où peut provenir cette altération, car les réactions sont si nombreuses et si variées, que nous n'oserions prononcer. Est-ce en perdant une partie de son hydrogène qu'il perd sa couleur ; il est probable qu'il s'en détruit beaucoup de cette manière ; mais nous ne savons pas si c'est la seule circonstance où il se détruise. Ce qui est certain, c'est que jamais il n'est aussi facilement attaqué, que lorsqu'il se trouve déjà désoxidé. On a cru que rien n'était plus facile que d'expliquer ce qui se passait dans les cuves, et à notre avis rien n'est encore moins connu. A la vérité, ce qui concerne l'indigo seul, relativement à sa désoxidation et à sa dissolution dans les alcalis, est expliqué d'une manière satisfaisante; mais ce qui concerne sa destruction et la réaction des autres substances est enveloppé d'une complète obscurité; et certains faits que nous avons bien constatés, nous sont garans que rien n'est plus inconnu, que ce qui se passe dans les matières colorantes, lorsque leurs différentes propriétés sont altérées, reproduites ou modifiées, et surtout lorsque les changemens qu'elles éprouvent se font en présence de réactions aussi multipliées que celles qui ont lieu dans les cuves.

Cuves à la Potasse.

On donne le nom de cuves à la potasse aux cuves dans lesquelles cet alcali est employé comme dissolvant. Dans ces cuves, les matières désoxigénantes sont la garance et le son. On les monte en y introduisant, à la fois, quantité égale à peu près d'indigo, de garance très-commune et de son, et une quantité triple de potasse, et on élève la température du bain à 50° environ. La fermentation ne tarde pas à s'y établir ; on pallie de tems en tems, et ordinairement, au bout de vingt-quatre à trente-six heures, on peut teindre. A ce moment le bain doit être recouvert de fleurée et de plaques cuivrées, non interrompues, et présenter, lorsqu'on en divise la surface, une belle teinte verte, qui passe promptement en bleu foncé. La cuve doit avoir une odeur forte de dissolution d'indigo, et l'air qu'on y injecte avec le rable, doit produire des bulles permanentes d'un beau bleu pourpré, susceptibles de se grouper par le mouvement du palliage, et de présenter l'apparence de grappes de raisin. En même tems le bain doit imprimer sur la peau des taches durables, et communiquer aux laines une nuance d'un bleu assez foncé, qui est d'un beau vert au sortir de la cuve. La cause pour laquelle les bulles d'air se maintiennent sur une cuve en bon état, c'est que l'indigo qui se trouve dans le liquide qui les enveloppe, reprend de l'oxigène, devient insoluble, et les convertit en une espèce de pellicule solide.

La quantité d'indigo que l'on emploie

communément pour monter une cuve de
deux à trois mille litres, est vingt livres;
et on ajoute une quantité pareille de garance tout-à-fait commune et de son, et
une quantité triple de potasse. Si la garance était de bonne ou de moyenne qualité, on en emploîrait un peu moins. La
température du bain doit être maintenue
toujours à peu près au même degré, et la
cuve doit être pourvue d'un fourneau qui
permette de la chauffer latéralement. Une
température trop élevée pourrait arrêter
la fermentation, et une température trop
basse en provoquer une dangereuse.

Quand la cuve est en bon état, ce qu'on
reconnaît aux signes que nous avons men-
tionnés plus haut, on peut commencer à y
travailler, ce qui se pratique comme nous
avons vu pour le vouëde; seulement les
palliemens sont plus rapprochés, et l'on
peut en faire, sans inconvénient, neuf à
dix par jour, en laissant une demi-heure
ou une heure d'intervalle entre chacun
d'eux. La durée de chaque palliement est
moindre qu'au vouëde, et un quart-d'heure
suffit ordinairement pour que la laine se
charge d'autant de couleur que la cuve
peut en donner en une immersion.

Cette cuve peut teindre beaucoup plus

de laine, en un tems donné, que la cuve au vouëde, parce que la dissolution de l'indigo y est plus concentrée, et que les palliemens sont plus rapprochés ; du reste, son produit n'est pas moins beau, et même son bleu est plus diaphane et plus transparent, parce que la laine ne s'y charge pas de chaux, comme cela a lieu dans la cuve au vouëde. Aussi les fabricans trouvent-ils que les laines teintes au vouëde sont moins douces et plus poudreuses que les autres, et qu'elles exigent plus d'huile pour la filature ; mais la chaux ne tarde pas à disparaître dans les apprêts, et, en dernier résultat, on peut dire que, quelles que soient les cuves dont on fait usage, elles produisent constamment de belles nuances, toutes les fois qu'elles sont en bon état.

La conduite des cuves à la potasse ne présente pas de grandes difficultés, parce que l'on est dans l'usage de les épuiser promptement, et que, par ce moyen, la fermentation ne peut y changer de caractère que bien rarement.

Nous avons vu que l'on pourrait y faire de neuf à dix palliemens chaque jour ; mais ordinairement, le soir du second jour de travail, on y ajoute une quantité d'indigo égale à celle qui a été employée quand la cuve a été montée, avec un peu moins de garance et de son, et une quantité de potasse seulement double. Tous les deux jours on réitère la même addition, et l'on continue de la sorte jusqu'à la quatrième, cinquième ou sixième charge. Alors, comme le bain a commencé à devenir louche et épais par l'addition successive de tant de matières, on met la cuve en épuisement, c'est-à-dire, on ne lui donne plus d'indigo, et on se contente d'y mettre, tous les jours après le travail, ou tous les deux jours, la quantité de potasse et de matières fermentescibles que l'on juge convenable, relativement à la quantité d'indigo qui reste encore dans le bain. En suivant un mode de travail aussi simple, on est sûr de tirer un bon parti de son indigo, et d'éviter ces fermentations trop actives qui, dans les autres cuves, produisent souvent le double inconvénient de retarder la besogne et d'occasioner une perte d'indigo considérable.

La marche que nous venons de prescrire peut être suivie sans hésitation par tous ceux qui voudront conduire des cuves. Ils devront porter la température du bain à 50°, et l'entretenir toujours à peu près la même, et ils devront y introduire, en même tems, les quantités prescrites d'indigo, de potasse, de garance et de son. Ensuite, après les deux premiers jours de travail, ils feront une nouvelle addition de matières, et si le bain ne leur paraît pas d'un verd assez jaune, ils feront bouillir ensemble, pendant quelques momens, la potasse, la garance et le son, qu'ils se proposent d'y ajouter; après quoi ils introduiront cette décoction dans la cuve avec l'indigo. Par ce moyen ils obtiendront une fermentation plus active et des nuances plus foncées.

A ne considérer que la composition des cuves au vouëde et des cuves à la potasse, on serait porté à croire qu'il y a une certaine économie à teindre au vouëde, parce que l'on n'emploie pas de potasse dans cette teinture, et que cet alcali est d'un prix assez élevé; mais un examen plus profond fait disparaître ce prétendu avantage. En effet, avec les cuves au vouëde, la lenteur du travail occasione une plus grande dépense en main-d'œuvre et en combustible, et plus de frais généraux; et en outre, comme on est exposé aux inconvéniens que produisent les fermentations trop actives, il s'en suit que l'on perd toujours d'ordinaire un peu d'indigo ; et cette perte, jointe au surcroît de dépense pour la main-d'œuvre et pour le chauffage, compense bien les frais excédans que la potasse peut occasioner d'un autre côté.

Quelques teinturiers montent des cuves à la potasse dans de petites chaudières, et ils réussissent fort bien toutes les fois qu'ils emploient les différens ingrédiens dans des proportions convenables. Ils doivent surtout mettre une grande attention à entretenir la température au même degré, et c'est la seule chose qui soit beaucoup plus difficile dans la conduite de ces petites cuves que dans celle des grandes.

Nous croyons inutile d'ajouter, après ces détails, que les nuances de bleu foncé ne s'obtiennent pas en un palliement, et que les laines doivent être remises en cuve d'autant plus souvent, que la cuve est plus faible, et que les nuances que l'on veut produire sont plus foncées. Quant à l'indigo qu'on emploie, il doit avoir été moulu avec une certaine quantité d'eau, et être réduit en particules si déliées, que, pris dans les doigts, il présente le même toucher que l'huile, sans qu'on y découvre les moindres petits grains résistans. Si on l'employait imparfaitement moulu, les parties solides ne se dissoudraient pas dans la cuve, et il en résulterait une perte considérable.

Cuves à froid ou à la Couperose.

On monte des cuves à froid dans des vases de toute capacité; mais comme ces cuves ne sont employées que pour le coton, et que leur description serait ici déplacée, nous nous contenterons de dire qu'elles se préparent en faisant réagir à froid, ou à la chaleur de 20° environ, de la couperose, de la chaux et de l'indigo, à quoi l'on ajoute quelquefois un peu de soude.

On obtient encore une dissolution d'indigo, dont on fait usage dans l'impression des toiles, et dont nous parlerons également plus tard, en incorporant ensemble, à une température assez élevée et dans une quantité d'eau convenable, de l'indigo, du sulfure d'arsenic, de la potasse et de la chaux.

Maintenant nous allons parler de la dissolution particulière que l'on obtient en traitant l'indigo par l'acide sulfurique.

Dissolution sulfurique de l'Indigo, ou bleu de Saxe.

On obtient la dissolution sulfurique de l'indigo, en faisant réagir à la douce chaleur d'un bain-marie, à 50 degrés, quatre, six ou huit parties d'acide sulfurique bien concentré, sur une partie d'indigo réduit en poudre très-fine. Le mélange des matières étant opéré, la dissolution ne tarde pas à s'effectuer, et au bout de trois ou quatre heures environ, on peut retirer le vase du feu. On reconnaît que la dissolution est parfaite, lorsqu'une goutte de la liqueur que l'on laisse tomber dans l'eau, s'y dissout sans qu'il se forme de précipité. Cette liqueur, au point de concentration où elle est, paraît entièrement noire, mais à mesure qu'on y ajoute de l'eau, sa teinte s'éclaircit et passe au bleu. On la conserve dans son état de concentration ; mais d'ordinaire, on sature une partie de l'acide, par une certaine quantité de potasse ou de chaux. L'addition de la potasse ne doit se faire qu'avec mesure, parce qu'un excès de cet alcali empêcherait l'indigo de s'attacher aux étoffes, et le retiendrait en dissolution.

La dissolution sulfurique de l'indigo ne peut servir à teindre que la laine et la soie ; mais on ne l'emploie guère pour produire une couleur bleue sur ces substances, parce que la couleur qu'on en obtient est très-peu solide. Son plus grand usage est dans la teinture des étoffes légères à l'échantillon, où on l'emploie utilement pour les couleurs composées, et où elle produit des effets que l'on n'eût pu obtenir d'une autre manière. On l'emploie aussi pour la teinture en vert qu'on nomme de *Saxe*. On l'associe alors au bois jaune, et elle produit un vert agréable, mais qui manque de solidité. Le mordant qui paraît convenir le mieux aux étoffes que l'on destine à la teinture du bleu ou du vert de Saxe, est le mordant d'alun et de tartre ; en employant l'alun au huitième du poids de l'étoffe, et l'alun au vingt-quatrième.

Il n'est pas de notre objet de rechercher quels sont les phénomènes chimiques qui se produisent lorsque l'on fait réagir l'acide sulfurique concentré sur l'indigo. Nous dirons seulement qu'il paraît qu'une partie de cet acide se décompose et se convertit en acide hypo-sulfurique ; tandis que l'autre conserve tous ses caractères. Du reste, ces deux acides se combinent avec

l'indigo, et le tiennent également en dissolution. Lorsqu'on emploie de l'acide sulfurique de Saxe, pour la dissolution de
l'indigo, la dissolution est d'un beau pourpre, et elle ne devient bleue que lorsqu'on
l'affaiblit en l'étendant d'eau. On ignore
pour quelle cause cette dissolution paraît
pourpre. Du reste, l'acide sulfurique dit
de *Saxe*, marque trois degrés de plus que
l'autre à l'aréomètre, et c'est celui qu'on
obtient en distillant la couperose dans une
cornue. Nous ajouterons, relativement à
l'emploi de la dissolution de l'indigo, que
lorsqu'on veut l'employer pour teindre une
étoffe qui doit être foncée, on ne doit la
verser dans le bain qu'à plusieurs reprises,
et relever l'étoffe chaque fois, parce que,
si la laine était trop chargée en commençant, l'étoffe pourrait s'y teindre d'une
manière inégale.

Teinture en Bleu de Prusse.

Cette teinture, assez usitée pour le coton
et pour la soie, ne l'a pas encore été pour
la laine, où elle a été loin, du reste, jusqu'à ce moment, de paraître présenter de
grands avantages. Dès 1815, M. de la
Boulay Marillac, présenta à l'Institut des

échantillons de la laine foncée teinte en
bleu de Prusse. Cet essai qui eut l'appro-
bation de la commission chargée de l'examiner, ne tarda pas à être oublié, et il
en a été de même depuis, d'un grand
nombre d'essais subséquens. Voici, en effet, les principaux inconvéniens que présente la teinture en bleu de Prusse. D'a-
bord on ne peut teindre les étoffes qu'en
pièce, parce que, au dégraissage, au foulon, ou dans les apprêts, elles se couvrent
ordinairement de taches; ensuite, il faut
leur donner un tel pied de rouille, que leur
solidité en souffre toujours; et en outre,
elles se décolorent instantanément par l'action de l'acide oxalique et des alcalis. Ces
inconvéniens qui ont leur source dans la
nature même de ce bleu, s'opposeront toujours à ce qu'on en fasse usage pour les
étoffes de quelque prix, et il n'y a guère
que pour les étoffes de troupe, que son
emploi puisse devenir avantageux. Voici
du reste de quelle manière on peut opérer cette teinture : on fait bouillir la laine
pendant un moment, dans une dissolution
de deuto-sulfate, et de deuto-nitrate de
fer, à laquelle on a ajouté un peu d'alun ;
après cela, on la passe dans une légère
dissolution de potasse, et si le pied de

rouille n'est pas assez fort, on réitère plusieurs fois la même manœuvre. On termine, en introduisant la laine dans une dissolution chaude de prussiate alcalin qui contient en outre un peu d'acide nitrique et d'alun.

Teinture en Bleu par le bois d'Inde.

Le bois d'Inde ne peut produire qu'une couleur bleue très-fugace, et ce n'est guère que dans un esprit de fraude que l'on en fait usage pour teindre les laines. Quoi qu'il en soit, voici comment on opère. On prend vingt parties de bois d'Inde contre cent de laine, on enferme ce bois dans un sac, et on le fait bouillir dans une chaudière pendant une heure environ. On le retire alors, et on introduit dans la chaudière quatre parties d'alun et autant de tartre. Les laines plongées et travaillées dans ce bois, y prennent une couleur violette, qui passe au bleu lorsque l'étoffe est fabriquée, et qu'elle subit les opérations du foulon ; quelquefois on ajoute un sel de cuivre au bain de teinture, lorsque les laines en sont retirées, et on les y replonge alors, pour les y travailler de nouveau pendant un moment. Dans tous les cas, la couleur que l'on obtient, est très-fugitive, et devient en très-peu de tems d'un gris sale.

Quelques teinturiers, pour épargner l'indigo, donnent du bois d'Inde à des laines piétées de bleu, afin de les monter au bleu de roi ; mais la couleur qu'ils obtiennent, se ternit à l'air, et l'on peut toujours s'apercevoir de leur fraude en plongeant la laine dans une dissolution bouillante d'alun. Cette dissolution se colore aussitôt en rouge violet. On reconnaît aussi qu'une étoffe est teinte en bleu *faux-teint*, lorsqu'elle rougit par le contact de l'acide sulfurique ou de l'acide hydrochlorique.

TEINTURE EN ROUGE.

Rouges de Garance.

Les rouges de garance, sont des couleurs très-solides, mais généralement dépourvues d'éclat. On en connaît de plusieurs nuances. Le rouge ordinaire que l'on voit aux femmes de la campagne, s'obtient en donnant aux laines un bouillon d'alun, et de tartre, où l'alun entre pour un cinquième, et le tartre pour un dixième du poids de la laine, et en les introduisant ensuite dans une chaudière, à 30 ou 35 degrés de chaleur, où l'on a détrempé de la garance, à raison de deux à quatre onces par livre. La chaleur du bain est ensuite élevée insensiblement jusqu'à 80°, pendant qu'on manie les laines, mais on évite une plus haute température, parce qu'elle ne ferait que ternir la couleur. L'addition d'une petite quantité d'eau de son aigrie, dans le bain de teinture, rend le rouge que l'on obtient un peu moins sombre.

On obtient un rouge plus éclatant avec la garance, lorsqu'on donne aux laines un bouillon avec une moyenne proportion d'alun et de tartre, et un peu de dissolution d'étain, et lorsqu'on les teint ensuite dans un bain de garance, où l'on ajoute, avant que d'abattre, une nouvelle quantité de dissolution d'étain. Les laines travaillées dans ce bain, à la température de 50 à 90 degrés, prennent une nuance rouge assez agréable. C'est le rouge qui est employé pour les pantalons de cavalerie. On doit observer qu'il ne faut rien épargner pour se procurer de belle garance ; sans cela l'on ne saurait avoir de belles nuances.

Rouges de Cochenille.

Avec un bouillon d'alun et de tartre, le premier sel au tiers, et le second au sixième du poids de l'étoffe, on obtient dans un bain de cochenille où cette substance entre pour un douzième du même poids, une nuance pleine et foncée, qui se convertit en beau cramoisi, lorsqu'on passe l'étoffe dans un bain tiède avec une petite quantité d'alcali. On peut employer à cet effet la chaux, la potasse ou la soude ; mais la nuance du cramoisi est toujours plus belle lorsqu'on associe à l'alcali, partie égale d'hydrochlorate d'ammoniaque. Nous observerons que dans la teinture du cramoisi, il est à propos d'ajouter un peu de dissolution d'étain, au bain de cochenille, pour aider la couleur à se fixer sur l'étoffe. Cette étoffe doit avoir été lavée de son bouillon, comme cela se pratique pour toutes les couleurs fines ou délicates. Les roses se font de la même manière, que les cramoisis ; seulement on emploie moins de cochenille. Pour toutes ces nuances, le bouillon produit un meilleur effet, lorsqu'on attend quelques jours avant que de laver l'étoffe, et de lui communiquer la couleur que l'on lui destine ; il est à propos aussi de faire entrer dans le bouillon, le sixième de la matière colorante qui doit entrer dans le second bain.

Dans les écarlates, la quantité de cochenille que l'on emploie, est la même que celle qui est nécessaire pour le cramoisi. On prépare le sujet à teindre en lui donnant un bouillon avec le quart, le cinquième ou le sixième de son poids de crème de tartre, et autant de dissolution d'étain ; on le lave ensuite, et on le plonge dans le bain de teinture où l'on a mis une fois et demie autant de dissolution d'étain que de cochenille. On produit une belle couleur écarlate de cette manière, mais la nuance acquiert encore plus de feu lorsqu'on ajoute dans le bouillon ou dans le bain de teinture, quelques copeaux de fustet dans un sac, ou une moindre quantité de quercitron réduit en poudre. Après la teinture, l'étoffe est passée dans une eau claire, et c'est ainsi que l'on en agit généralement pour toutes les couleurs.

La dissolution d'étain dont nous venons de parler, se prépare de la manière suivante : on se procure de l'étain bien pur, comme est celui d'Angleterre ou des In-

des ; on le fond , on le projette dans de
l'eau froide, où il se divise en menues parcelles , et on le fait entrer ainsi divisé
dans la liqueur qui doit le dissoudre. Cette
liqueur se prépare en mêlant parties égales
d'eau et d'acide nitrique, à 36° de l'aréomètre , et faisant dissoudre dans ce mélange un huitième de son poids de sel marin , ou de sel ammoniac. La dissolution
du sel opérée , on ajoute autant d'étain
qu'on a mis de sel , on remue de tems
en tems, avec un bâton, et quand l'étain
est dissous, on ajoute une quantité d'eau
égale à la première. De cette manière la
dissolution contient une partie d'acide, un
huitième de partie de sel et autant d'é-
tain , et deux parties d'eau. C'est d'une
dissolution ainsi préparée, que nous en-
tendrons parler toutes les fois qu'il sera
question de dissolution d'étain. Du reste,
si l'on voulait employer une dissolution
d'étain moins étendue d'eau, il n'y aurait
pas d'inconvénient, et l'on opérerait une
réduction sur les quantités que nous pres-
crivons.

La grande quantité de dissolution acide
employée pour obtenir la couleur écarlate,
attaque quelquefois assez fortement le cuivre des chaudières, et il en résulte un

nouveau sel, qui a la propriété de ternir l'écarlate. On évite cet inconvénient toutes les fois que l'on peut opérer dans une cuve de bois blanc, chauffée au moyen de la vapeur. Alors on peut faire se succéder sans crainte, un très-grand nombre de passes dans le même bain, et les dernières n'ont pas moins d'éclat que les premières.

Rouges de Laque.

Pour obtenir la couleur cramoisi, en faisant usage de la laque, il faut bouillir les étoffes avec un vingtième de tartre et de dissolution d'étain, et les passer ensuite, sans les laver, dans un bain de teinture auquel on ajoute un second vingtième, des mêmes mordans, avec la quantité de laque jugée nécessaire. Au sortir de ce bain, où elles se teignent en rouge vif, on les travaille pour les roser, dans de l'eau chaude où l'on a fait dissoudre un peu d'alcali, ou qui est mêlée avec une certaine quantité d'urine putréfiée. Cette couleur peut s'obtenir également en un bain; mais alors on fait réagir à la fois dans la chaudière, le mordant, la matière colorante et l'étoffe.

Lorsque l'on se propose de teindre en

écarlate, au moyen de la laque, on bout
les étoffes avec le dixième de leur poids
de tartre, autant de dissolution d'étain,
et la quantité convenable de fustet, de
quercitron ou de curcuma, et on les introduit ensuite dans un nouveau bain qui
contient, outre la matière colorante, la
même quantité de tartre que le premier,
et une moitié de plus de dissolution d'é-
tain. Dans ce second bain, elles prennent
une belle nuance écarlate, qui ne le cède
pas à la nuance des écarlates de cochenille,
quand on supprime un quart de la laque,
et qu'on le remplace par une quantité
équivalente de cochenille, que l'on ajoute
sur la fin de l'opération. Nous ne fixons
pas les quantités de laque qu'il est nécessaire d'employer pour l'écarlate ou le cramoisi, parce que la quantité de matière
colorante dans cette substance, n'est pas
toujours parfaitement comparable ; du reste
on commencera par en employer moins
qu'il ne faut, parce qu'il est toujours facile d'en réajouter, et on ne tardera pas
à connaître au juste quelle est la quantité qui convient le mieux. L'écarlate de
laque peut se teindre en un bain, aussi
bien que le cramoisi ; mais en général nous
conseillons de faire deux bains, et toutes

les fois, surtout, que l'on se propose d'a-
jouter un peu de cochenille à cette teinture.

Rouge d'Orseille.

Pour teindre en rouge avec l'orseille, il
faut introduire cette substance dans une
chaudière, où on lui fait jeter un bouillon; après cela, on travaille l'étoffe dans
le bain, sans aucun mordant. Une partie
d'orseille suffit pour teindre en cramoisi,
dix parties de laine; cette couleur est belle,
mais n'a aucune solidité, et elle n'en acquiert guère par l'addition de la dissolution d'étain qui l'éclaircit et la fait virer
à l'écarlate. L'orseille d'herbe est préférable à l'orseille d'Auvergne par son produit, mais elle a l'inconvénient de teindre d'une manière inégale; aussi doit-on
passer les étoffes dans de l'eau chaude, au
sortir de cette teinture.

Rouges de bois de Brésil.

Avec le bouillon d'alun et de tartre, le
premier sel au quart, le second au sei-
zième du poids de la laine, la laine laissée
long-tems en repos sur son bouillon et
lavée, prend, dans un bain de bois de

Brésil dont la décoction a vieilli, une nuance qui approche du cramoisi. Une seconde passe sur le même bain, auquel on ajoute une nouvelle quantité de décoction, prend une nuance plus éclaircie, qui approche de l'écarlate, et enfin, une troisième passe avec une nouvelle addition de décoction, prend une superbe teinte de cette nuance; ces changemens de nuance sont dus à l'effet des mordans, dont une partie reste dans le bain.

Les couleurs de Brésil sont belles, mais peu solides. On doit les sécher à l'ombre, et éviter en les faisant, de s'approcher du terme de l'ébullition et de dépasser 80°. On les rose en les passant dans de l'eau tiède avec de l'urine. Lorsqu'on associe la noix de galle au bois de Brésil, la couleur que l'on obtient est moins vive, mais il paraît qu'elle est plus solide.

TEINTURE EN JAUNE.

Jaune de Gaude.

Pour teindre en jaune au moyen de la gaude, on prépare la laine ou l'étoffe, avec

une quantité de mordant proportionné à
la nuance qu'on veut obtenir. Pour les
nuances très-vives, on doit employer l'a-
lun au quart, et le tartre au huitième du
poids de l'étoffe; mais pour les autres
nuances et notamment pour les jaunes des-
tinés à être mis en vert, on peut supprimer le tartre, et n'employer l'alun qu'au
douzième du poids de l'étoffe; dans tous les
cas, lorsque la nuance est un peu foncée,
on fait entrer dans le bouillon, la moitié
de la gaude qui est nécessaire, et on y
abat la laine après y avoir fait bouillir
cette plante, et avoir ajouté le mordant.
Les jaunes foncés exigent trois à quatre
parties de gaude, mais l'on diminue beaucoup cette quantité, lorsqu'on emploie en
même tems du bois jaune.

Quelques teinturiers ajoutent un peu
de chaux vive, ou d'un autre alcali quel-
conque, au bain de teinture, lorsqu'ils
veulent obtenir avec la gaude une nuance
dorée que cette plante ne fournirait pas
sans cette addition. Une certaine quantité
de garance, a aussi l'effet de dorer les
couleurs de gaude.

Jaune de Bois jaune.

Une étoffe bouillie avec l'alun et le tartre, comme pour les jaunes de gaude, prend, dans un bain de bois jaune, une nuance solide que l'on peut éclaircir par l'addition d'une petite quantité de dissolution d'étain dans le bain, et que l'on peut foncer, au contraire, par l'addition d'une dissolution alcaline. Du reste, les couleurs de bois jaune tirent plus à l'orangé que celles de gaude, et c'est une des raisons pour lesquelles on emploie ordinairement ces deux substances l'une avec l'autre.

Jaune de Quercitron.

Pour teindre la laine avec le quercitron, on la fait bouillir pendant une heure, ou une heure et demie avec un sixième de son poids d'alun, et on l'introduit ensuite dans le bain de teinture, où l'on a mis une partie de quercitron pulvérisé, contre six de laine. On soutient alors le bouillon jusqu'à ce que la laine soit parvenue à sa nuance ; après quoi on la relève, et si l'on veut l'aviver, on la rabat de nouveau dans le bain, après y avoir ajouté un peu de craie.

Si l'on ajoute de la dissolution d'étain dans le bain, la couleur acquiert une plus grande vivacité ; alors on emploie un peu moins d'alun. Un douzième de ce sel, relativement au poids de l'étoffe, avec un sixième de quercitron et un huitième de dissolution d'étain, donnent une nuance d'un jaune doré brillant moins orangé. L'addition du tartre donnerait une superbe nuance d'un jaune frais tirant sur le vert.

Jaunes de Curcuma et de Fustet.

On n'est pas dans l'usage de teindre en jaune avec le curcuma, parce que sa couleur est trop fugitive ; mais on l'emploie quelquefois pour rehausser des nuances jaunes que l'on trouve ternes. Du reste on peut l'employer pour donner aux étoffes une légère teinte citrine, qui convient assez bien, lorsqu'on se propose de teindre ces étoffes en écarlate couleur de feu. A cet effet, on introduit dans une chaudière la quantité de dissolution d'étain, et de crème de tartre convenable pour l'écarlate, avec la quantité de curcuma jugée nécessaire, et on y travaille le sujet à teindre pendant deux heures. Après cela on le bat à la rivière, et on le teint en écarlate dans un nouveau bain.

Le fustet, avec les mêmes proportions de mordant, peut-être employé également pour donner du feu à la couleur écarlate ; on l'emploie aussi quelquefois pour faire des jaunes ; mais ces couleurs n'ont aucune solidité. Le mordant qui lui est le plus approprié, est la dissolution d'étain et le tartre, et avec des quantités variables de ces deux mordans, on peut obtenir de ce bois toutes les nuances, depuis le jonquille, au jaune verdâtre et au beurre frais.

TEINTURE EN NOIR.

Le noir est toujours le produit d'une combinaison en teinture, parce que les substances qui, par elles-mêmes pourraient produire cette couleur sont très-rares, et que d'ailleurs la nuance qu'on en obtient est fort imparfaite. Dans la draperie, les étoffes teintes en noir, le sont toujours après leur fabrication. On ne trouverait aucun avantage à les teindre en laine, parce que la nuance n'en serait pas plus belle, et que la fabrication réussirait moins bien avec une laine durcie par la teinture en noir, qu'avec une laine blanche. Du reste, il y a certaines espèces de tissus où quelquefois on teint en noir des laines filées ; mais cette circonstance ne change rien aux pratiques de la teinture.

Les noirs, que l'on appelle *bon-teint* dans le commerce, reçoivent toujours une légère teinture bleue, dans laquelle il entre environ le huitième ou le sixième de l'indigo nécessaire pour un bleu de roi. Ce pied de bleu peut être donné indifféremment soit à la laine avant sa fabrication, soit à l'étoffe déjà fabriquée. Quoi qu'il en soit, l'étoffe destinée à être mise en noir, est introduite dans une chaudière, avec un tiers de son poids de bois d'Inde, et un cinquième de sumac, et on l'y manœuvre pendant trois heures un peu au-dessous du degré de l'ébullition. Après cela, on la retire, on l'évente, et on ajoute au bain une partie de couperose, contre dix d'étoffe. La couperose étant bien dissoute, et le bain maintenu au-dessous de la chaleur de l'ébullition paraissant très-opaque, et couvert d'une pellicule crémeuse, on y abat l'étoffe que l'on y manœuvre à une chaleur très-voisine de l'ébullition, jusqu'à ce que l'on s'aperçoive que sa nuance ne se fonce plus. Alors on la relève, on la jette sur le pavé de l'atelier, on l'évente et on ajoute au bain une nouvelle quantité de couperose égale aux quatre cinquièmes de la première. Cette addition est suivie à quelque intervalle d'une nouvelle immersion de l'étoffe dans le bain de noir, où on la travaille encore quelque tems; après quoi elle est éventée, lavée, battue et dégorgée au foulon avec de l'urine.

Tous les teinturiers ne suivent pas un semblable procédé, mais tous font bouillir l'étoffe avec du bois d'Inde et de la noix de galle ou du sumac, ce qu'ils appellent l'*engaller*; après quoi ils la relèvent, l'éventent, la refroidissent et la remettent de nouveau dans le bain où ils ont mis une certaine quantité de couperose. Quelques-uns ajoutent la couperose en quatre fois et donnent quatre évens, mais la plupart se contentent de deux. Il y en a qui introduisent dans le bain une ou deux bottes de gaude déjà cuite, pour donner de la douceur à l'étoffe, et d'autres qui emploient à cet effet, de l'huile ou du suif qu'ils mettent dans le bain au dernier évent. Dans tous les cas, ceux qui veulent obtenir de beaux noirs, doivent éventer l'étoffe avec soin, et il convient même que le moulinet de la chaudière, soit placé fort haut au-dessus du bain, pour que l'étoffe s'évente et se refroidisse chaque fois dans le trajet. Il faut aussi que la capacité de la chaudière ne soit pas trop considérable relativement à la quantité de pièces que l'on a à teindre ; car il est impossible d'obtenir une couleur foncée et nourrie dans un bain pour ainsi dire noyé.

Les étoffes qui n'ont pas reçu de pied de bleu se teignent en noir dans un bain pareil à celui dont nous venons de parler, et il n'y a même presqu'aucune différence relativement à la quantité des matières. Du reste, elles prennent une couleur noire aussi intense que si elles eussent reçu une légère nuance de bleu de cuve, comme les noirs que l'on appelle *bon-teint*. Autrefois on donnait aux étoffes destinées à être mises en noir, un pied de bleu tout-à-fait foncé, et on les traitait par une grande quantité de noix de galle à laquelle on n'ajoutait que très-peu de bois d'Inde. Aujourd'hui, on produit un noir aussi beau, quoique peut-être un peu moins solide, mais beaucoup moins cher, en faisant dominer le bois d'Inde qui fournit une grande quantité de molécules colorantes d'un bleu noir, et donne beaucoup d'intensité et de lustre à la couleur.

Les étoffes légères, telles que les mérinos, se teignent ordinairement en un noir bleuâtre qui n'est pas très-solide, mais qui convient lorsque les étoffes sont de bas prix ou peu durables. On produit ce noir en faisant bouillir pendant deux heures le sujet à teindre dans une dissolution de vitriol de Salzbourg, c'est-à-dire de sulfate de fer et de cuivre; au sortir de là, on le passe dans une chaudière où on lui donne la quantité de décoction de bois d'Inde nécessaire pour le porter à la nuance que l'on désire.

—

COULEURS COMPOSÉES.

Mélange du Bleu et du Rouge.

On appelle couleurs composées, celles dans lesquelles il entre plusieurs substances différemment colorées, et dont la combinaison donne lieu à une couleur nouvelle. Le nombre de ces couleurs composées est infini, puisqu'il est égal à celui des combinaisons possibles entre les matières colorantes employées dans des proportions variables ; aussi nous nous contenterons de faire connaître les principales, en commençant par celles dans lesquelles les matières colorantes, ne sont qu'au nombre de deux.

Le mélange du rouge et du bleu, produit une infinité de nuances, dont les principales sont le pourpre, le violet, le lilas, la pensée, l'amaranthe, la prune-de-monsieur, etc. ; toutes nuances que les teinturiers obtiennent ordinairement par l'indigo, le bois d'Inde, la cochenille, la laque, la garance, le bois de Brésil et l'orseille.

Avec un bleu de cuve assez clair, l'étoffe, qui a été bouillie avec un quart de son poids d'alun et deux cinquièmes de tartre, prend une couleur pourpre dans un bain où il entre le quinzième de son poids de cochenille et un peu de tartre ; un pied de bleu plus foncé, le même bouillon et un douzième de cochenille du poids de l'étoffe, produiraient le violet qu'on appelle fin ; tandis qu'un pied de bleu plus léger, avec une quantité de cochenille proportionnée, donnerait les différentes nuances de lilas, mauve, gorge de pigeon, que l'on pourrait convertir en fleur-de-pêcher, en ajoutant un peu de dissolution d'étain à la rougie.

Le bleu de Saxe peut être substitué au bleu de cuve, mais il produit des couleurs beaucoup moins solides. On l'ajoute en donnant le bouillon à l'étoffe, et l'on teint ensuite avec la quantité de cochenille nécessaire pour la nuance qu'on veut obtenir.

En alliant le bleu de cuve avec la garance, on produit des couleurs solides, mais qui n'ont guère d'éclat. On bout l'étoffe comme pour les rouges de garance, et on obtient un peu plus de vivacité quand on ajoute un peu de cochenille au bain de teinture. Pour les nuances foncées, il faut ajouter un peu de noix de galle à la garance et brunir même avec un sel ferrugineux.

Le bleu de Saxe est employé quelquefois conjointement avec la garance. Alors on bout l'étoffe comme pour le garançage simple, mais on ajoute au bouillon le bleu nécessaire. L'étoffe bouillie et teinte en bleu, est ensuite passée au bain de garance.

En associant le bois de Brésil au bleu de Saxe, dans des proportions variables, on obtiendra aussi un grand nombre de nuances violettes assez agréables, mais de peu de solidité. Enfin, on en obtiendra encore de toutes les teintes, en bouillant l'étoffe avec une petite quantité d'alun et de tartre, et la teignant dans un bain de bois de Campêche et de Brésil, que l'on modifiera à volonté, en ajoutant, soit de la dissolution d'étain, soit un sel de cuivre.

Mais ces combinaisons, pour produire les teintes violettes, ne sont pas les seules; en voici encore un assez grand nombre. L'étoffe teinte en bleu de cuve, reçoit un violet fin, très-solide, lorsqu'on la teint en rouge de laque. Les nuances de ce violet peuvent être modifiées à l'infini par la proportion du bleu, et par la teinte plus ou moins rosée que l'on fait prendre à la couleur rouge.

Le cramoisi fourni par la laque se change en une très-belle couleur pourpre ou violette, lorsqu'on ajoute au bain alcalin, où l'on rose le cramoisi, une certaine quantité d'orseille; mais comme la couleur de l'orseille est très-fugitive, on peut lui substituer avec avantage un peu de décoction de bois d'Inde, que l'on emploie alors conjointement avec la laque dans le bain préparé pour la rougie.

La cochenille seule fournit aussi des violets très-beaux, lorsqu'on prépare l'étoffe avec un huitième de dissolution de bismuth pour tout mordant. La quantité de cochenille est variable selon la nuance plus ou moins foncée qu'on veut obtenir. Quant à la dissolution de bismuth, on la prépare en faisant dissoudre lentement une partie de bismuth, pulvérisé, dans huit parties d'acide nitrique. Elle doit être employée sans avoir vieilli, parce que le bismuth ne tarde pas à s'en séparer, à l'état d'oxide.

Le bois d'Inde peut produire aussi beaucoup de nuances violettes, sans l'addition d'aucune autre substance colorante. Avec de la décoction de bois d'Inde, un peu d'alun et très-peu de sulfate de cuivre, on obtient une couleur violette assez belle; on obtient la couleur prune-de-monsieur, en substituant la dissolution d'étain à ces deux mordans; enfin, on peut produire également cette dernière nuance, en donnant aux laines un bouillon d'alun, les montant, autant que possible, avec du bois d'Inde, et les passant ensuite dans une eau tiède avec de la dissolution de bismuth. Mais ces différens violets de bois d'Inde le cèdent en solidité à celui qu'on obtient avec le même bois, lorsqu'on fait usage d'un mordant composé, où il entre quarante parties d'acide sulfurique, soixante d'acide hydrochlorique et treize d'étain, à quoi on ajoute quatorze parties de sulfate de cuivre, et neuf de tartre.

L'étoffe préparée avec le tiers de son poids de ce mordant, à une température un peu inférieure au degré de l'ébullition, prend une couleur violette assez permanente, lorsqu'on la passe dans un bain frais de bois d'Inde. Au sortir du bain de teinture, cette étoffe doit entrer dans un bain d'eau tiède, où l'on a ajouté un peu d'acide sulfurique, qui contribue à aviver la couleur.

Jusqu'ici les différentes opérations que nous avons mentionnées, n'ont été relatives qu'à la teinture des fils ou des tissus déjà apprêtés ; nous allons voir maintenant comment on pourrait obtenir sur des laines des couleurs plus ou moins violettes, assez solides pour ne pas s'altérer pendant la fabrication des étoffes.

Lorsqu'on donne un fort pied de bleu aux laines, dans lequel on fait entrer, par exemple, le quart de l'indigo nécessaire pour un bleu de roi ; lorsqu'ensuite on les travaille dans un bain avec le quart de leur poids du mordant précédent et les deux cinquièmes de garance, on obtient, sur un bain frais avec du bois d'Inde et un soixantième de crème de tartre, une couleur foncée, riche, solide, presque noire au plat, mais présentant une agréable teinte violette au reflet. Avec moins de bleu, et les mêmes proportions de mordant, de garance, de bois d'Inde et de crème de tartre, on obtiendrait des nuances de plus en plus claires, assez solides, quoique un peu moins que la précédente, mais présentant toutes un reflet pourpré plus ou moins foncé, extrêmement vif.

Mélange du Bleu et du Jaune.

Avec différentes proportions de bleu et de jaune, on obtient toutes les nuances de vert. Le bleu de cuve, la gaude et le bois jaune, sont les substances en usage dans la draperie, pour les verts *bon-teint*. La dissolution sulfurique de l'indigo et le bois d'Inde sont associés aux mêmes matières colorantes jaunes, ou à un petit nombre d'autres, pour les verts que l'on appelle *petit-teint.*

Les verts bon teint de la draperie se teignent constamment en laine. A cet effet on donne aux laines une couleur jaune, plus ou moins foncée, comme nous avons vu en parlant de la teinture en jaune de gaude, après quoi on les passe sur une cuve en bon état, soit au vouëde, soit à la potasse, où on leur donne le nombre de palliemens nécessaires pour les monter à la nuance désirée. Si le jaune est clair et que l'on fasse dominer le bleu, on aura une couleur *cou de canard*; moins de bleu avec la même nuance de jaune, produira ce qu'on appelle le *vert billard*; et on obtiendra le vert surnommé, *vert dragon*, qui est un vert riche, avec un pied de jaune, où la gaude est employée à raison de deux parties contre une de laine, et avec une quantité d'indigo correspondant au tiers, au moins, de celle qui est nécessaire pour un bleu de roi. En augmentant un peu la proportion du bleu, sans rien changer sensiblement à celle du jaune, on produirait un vert très-foncé, qui tirerait sur le *vert-bouteille*. Enfin, par la prédominance du jaune on pourrait obtenir toutes les nuances de vert naturelles, où la matière colorante jaune paraît dominer. On pourrait aussi obtenir une couleur vert cantharide, ou vert doré, en donnant à la laine un fort bouillon d'alun et trois parties de gaude, la passant dans un bain de belle suie, la garançant à raison d'une once par livre, et, enfin, lui donnant un peu de bleu de cuve très-vif.

Les verts petit teint se teignent toujours en pièce, sauf quelques verts que l'on peut produire avec le bois d'Inde, mais ces derniers sont de peu d'usage.

On obtient les différentes nuances de vert, en petit teint, avec la dissolution sulfurique de l'indigo employée concurremment avec le bois jaune. A cet effet, on bout l'étoffe pendant une heure, avec le huitième de son poids d'alun ; on la lève ensuite, on ajoute au bain environ une once de dissolution d'indigo et quatre onces de bois jaune par livre d'étoffe, et on y plonge de nouveau l'étoffe que l'on y travaille, pendant une heure et demie. Si la couleur ne paraissait pas assez foncée, on ajouterait de la dissolution d'indigo ou du bois jaune, selon le besoin. Quand on teint des laines filées, il faut employer de la décoction de bois jaune; on renferme les copeaux de ce bois dans un sac.

Le curcuma donne, avec la dissolution d'indigo, des nuances de vert d'un grand éclat, mais il faut faire sécher les étoffes à l'ombre, parce que la couleur est très-fugitive. Quelquefois on associe le curcuma au bois jaune, afin d'obtenir des verts plus brillans, mais cet éclat est pour ainsi dire momentané.

Les verts de Saxe peuvent acquérir une nuance vert-bouteille quand on les passe, après les avoir lavés, sur une décoction de bois d'Inde, à laquelle on a ajouté de la couperose. On les relève lorsqu'on trouve leur nuance satisfaisante. On peut encore leur faire acquérir la même nuance, en les passant sur un bain de santal ou de garance, auquel on a ajouté également de la couperose.

Le bois d'Inde employé avec la gaude peut produire aussi des nuances de vert foncé, qui ne sont pas sans mérite, quoique du reste elles ne soient pas d'une grande solidité. Pour les obtenir on donne aux étoffes et aux laines bouillies en alun, une grande quantité de bois d'Inde, et ensuite on les travaille dans un bain de gaude, auquel on a ajouté quelques seaux d'urine. Si l'on voulait obtenir une nuance à peu près pareille en un bain, on préparerait une forte décoction avec une partie de gaude, un quart de partie de bois jaune et autant de bois d'Inde; on ajouterait ensuite un quinzième de partie d'alun, et on abattrait. Quand la nuance paraîtrait suffisamment foncée, on la ferait incliner un peu plus au vert , par l'addition d'un alcali , ou même par celle d'un peu de sulfate de cuivre.

Mélange du Jaune et du Rouge.

Le mélange du jaune et du rouge donne naissance à des nuances qui ne sont guère en usage que pour la draperie teinte en pièce, ou pour les laines teintes en fil.

Les étoffes ou les laines qui ont reçu le bouillon de crème de tartre et de dissolution d'étain nécessaire pour l'écarlate peuvent recevoir toutes les nuances orange , capucine, grenade, aurore avec du fustet ou du quercitron, auquel on ajoute une quantité convenable de cochenille ou de laque. Ces teintures se font à l'aide des mêmes précautions et des mêmes moyens que la teinture de l'écarlate, qui n'est elle-même qu'un mélange de jaune et de rouge, dans lequel le rouge domine beaucoup. Du reste, en diminuant la quantité de cochenille , d'un quart, de moitié ou des trois quarts, et en variant les proportions du fustet ou du quercitron , on obtient toutes les nuances que peut produire le mélange du rouge et du jaune. La laque peut être substituée pour toutes ces nuances à la cochenille, et les nuances qu'elle produit sont presque aussi belles.

Les étoffes travaillées dans un bain avec avec du fustet et le mordant approprié à l'écarlate, prennent une nuance jaune que l'on peut changer successivement en couleur jonquille et en couleur d'or, par l'addition d'une petite quantité de cochenille et de garance. Toutes ces nuances se font ordinairement à l'échantillon : alors il est à propos de relever quelquefois les étoffes, et de n'ajouter les matières colorantes qu'avec discrétion. Du reste on ne peut rien préciser relativement à la quantité et à la proportion des ingrédiens ; et à cet égard, quelques essais en apprendront beaucoup plus que tous les préceptes.

La combinaison du rouge et du jaune peut produire encore d'autres nuances : c'est ainsi qu'une étoffe qui a reçu le bouillon d'alun et de tartre, prend la couleur *mordoré*, quand on la passe dans un bain de gaude au sortir d'un bain de garance. Si le bain de garance était très-léger, la couleur que l'on obtiendrait serait le canelle.

Mélange du Bleu, du Jaune et du Rouge, et Brunitures.

Le mélange du bleu, du jaune et du rouge, produit une infinité de nuances fort usitées dans la draperie, mais dont nous ne mentionnerons que les principales :

Avec un pied de bleu où il entre le huitième de l'indigo nécessaire pour un bleu de roi, et un bouillon d'alun au huitième, où l'on fait entrer un poids de gaude égal au sien, la laine prend une teinte bronze-roux dans un second bain, où l'on fait entrer la moitié de son poids de gaude, le quart de bois jaune, le sixième de garance et autant de santal. Ce bain doit être à une température très-modérée lorsqu'on y abat la laine ; et quand celle-ci est suffisamment foncée, on la relève et on la rabat aussitôt après sur le même bain auquel on a ajouté un soixantième de son poids de couperose. Avec un pied de bleu plus foncé que le précédent, on obtiendrait une nuance bronze-vert par un seul bain où l'on ferait entrer une partie de gaude contre une de laine, cinq sixièmes de partie de bois jaune, un dixième de garance, un trentième d'alun et un centième de bois d'Inde. On rabattrait sur le même bain, après y avoir ajouté un vingt-cinquième de couperose.

L'addition de la couperose dans ces nuances, a pour effet de leur donner une teinte plus uniforme, en les brunissant au plat, tout en leur laissant une grande vivacité au reflet.

On obtient les nuances *caroline*, avec un pied de bleu où il entre le vingtième de l'indigo nécessaire pour un bleu de roi; après quoi on traite la laine par deux bains dans le premier desquels on fait entrer trois quarts de partie de gaude, un quart de bois jaune, un dixième d'alun et autant de garance. Dans le second, on fait entrer une demi-partie de gaude, un sixième de bois jaune et autant de garance; après cela, on brunit avec un vingt-cinquième de couperose.

Si l'on supprimait le bleu, on obtiendrait une nuance *savoyard*, en travaillant la laine dans deux bains composés ainsi qu'il suit : le premier, d'une demi-partie de bois jaune, autant de gaude, un sixième de santal et un quarantième d'alun; et le second, d'un sixième de garance et autant de santal; après cela, on brunirait avec un trentième de couperose.

Les couleurs dont nous venons de par-ler, peuvent être modifiées à l'infini en changeant les proportions relatives des substances qui concourent à les former ; mais de plus amples détails à cet égard se-raient superflus. Nous allons dire un mot des bruns et des gris.

Bruns.

Des proportions variables de sumac, de santal, de garance, et quelquefois de bois jaune et de gaude, avec une bruniture de couperose, peuvent fournir une multitude de nuances brunes de tous les tons ; en as-sociant seulement le santal et le sumac, on obtient des bruns qui tirent sur le violet quand c'est le santal qui domine, et sur le noir quand c'est le sumac. Dans tous les cas, il faut brunir à la couperose. Ce brun s'éclaircit et tire vers la couleur puce, quand on ajoute une certaine quantité de bois jaune au bain de teinture.

Un pied de bleu, de la garance et du su-mac, et une bruniture à la couperose, pro-duisent aussi différentes teintes brunes qui sont très-solides : on en obtient encore en associant le bois de Brésil au bois jaune et au sumac, et en brunissant.

Le brou de noix et la suie sont également des matériaux fort utiles pour les couleurs brunes.

Une laine piétée en bleu de cuve prend une couleur brune presque inaltérable dans un bain de brou de noix.

Un pied de brou de noix et des quantités variables de garance avec un peu d'alun, produisent encore des bruns de toute nuance. L'addition de la suie et d'un peu de gaude convertit ces bruns en ramona et en carmelite ; et quand la gaude et la garance dominent, et qu'on ne fait qu'abattre la couleur avec un peu de brou de noix, on obtient un mordoré.

Gris.

Les gris s'obtiennent, comme toutes les couleurs composées avec des quantités variables de jaune, de rouge et de bleu, seulement la bruniture qui n'est que l'accessoire dans les autres nuances, est le principal dans les gris : avec de petites quantités de bois d'Inde, de fustet, d'orseille et de couperose, on peut produire presque toutes les nuances de gris, mais ces nuances sont très-peu solides. On en obtient de moins fugitives, lorsqu'on associe la ga-

rance, la cochenille, la dissolution d'indigo, le bois jaune, la noix de galle et la
couperose. On conçoit que la couperose et
la noix de galle sont ici la base des gris,
et qu'on n'ajoute du rouge ou du jaune
que pour les faire incliner plus ou moins
vers ces nuances.

Avec de la garance et du sumac et un
léger bleu de cuve donné après, on produit
une couleur gris de plomb. Si le bleu de
cuve est donné avant, et s'il est beaucoup
plus léger, et très-vif, on peut l'employer
comme pied de toute espèce de gris clairs,
en ajoutant du bois jaune, de la garance,
du santal ou de la laque, selon la nuance
que l'on veut produire. Ces derniers gris,
les plus solides de tous, sont quelquefois
assez usités dans la draperie teinte en laine;
du reste on peut en varier singulièrement
la composition. Les détails dans lesquels
nous venons d'entrer sur la teinture des
laines, nous paraissent suffisans pour donner à tout homme intelligent une idée nette
de cet art, et pour le mettre à même, si
non de produire avec certitude et sans hésiter, toutes les couleurs, du moins de
s'occuper de leur recherche avec jugement,
et de ne pas s'égarer dans de fausses rou-
tes. Les procédés que nous avons indiqués

sont dépouillés de toute circonstance su-
perflue, et ont reçu la sanction de l'expérience ; nous les avons exposés avec méthode et simplicité : et les gens de l'art, à
qui les manipulations de la teinture sont
familières, n'éprouveront aucune difficulté
à les répéter. Quant aux commençans, ils
puiseront dans la lecture de l'ouvrage entier des connaissances saines et bien ordon-
nées, que la pratique rendra de jour en
jour plus fécondes.

FIN.

TABLE

DES MATIÈRES.

Pages.

FIN DE LA TABLE.